■ 日本農業の動き ■　No.205

どう生かす　都市農地

農政ジャーナリストの会

目次

農業気象台 …… 4

〈特集〉どう生かす 都市農地

都市農業振興基本法で都市農業はどう変わるか …… 会員 榊田みどり …… 6

都市農業・農地をめぐる制度改正の意義と限界 …… 東京大学大学院農学生命科学研究科 教授 安藤 光義 …… 20

質疑 …… 46

都市農業関連法形成をどう見るか
～都市農地を活かしたアグリメディアのビジネス展開について～ …… 株式会社アグリメディア 代表取締役 諸藤 貴志 …… 52

質疑 …… 64

都市農地関連法の改正で農家の継承はどうなる　全国農業会議所 専門相談員　原　修吉　80

質疑　95

農あるまちづくり 東京の現場から　ＪＡ世田谷目黒 経営管理委員会 会長　飯田　勝弘　104

質疑　122

〈農政の焦点〉

農産物輸出五兆円の舞台裏　会員　山田　優　132

〈地方記者の眼〉

東日本大震災から九年　福島の復興は今　テレビユー福島　深谷　茂美　136

編集後記　141

農業気象台

○…想像もしなかった新型コロナウイルスによる地球規模の大惨事だ。このウイルスの存在が中国の武漢で発生していると伝わってきたのは一月の初旬のこと。その後、三カ月余りで世界中に拡散された。恐るべき感染力の強さだ。石弘之著『感染症の世界史』（角川文庫）によると、「大流行を引き起こすような感染症は、過密社会の存在を抜きには考えられない」と、産業革命の時代のコレラ禍を例に指摘する。さらに過去半世紀の間に発生した感染症の出現は、環境破壊が世界的に急拡大した時期に重なるとも指摘している。

　この二つの指摘から見えてくることは、今回のウイルス禍も人災ということだ。温暖化がこれ以上進めば生物は滅亡すると「地球」が新型コロナウイルスを使って警鐘し、実力行使に踏み切ったのではないかと語る識者もいる。感染防止のために「三密（密閉、密集、密接）」を避けることと注意喚起されているが、現代社会を見てみると、高度に発展してきた市場経済社会では便利な大都市やグローバル化した経済の仕組みは三密から形成されている。

　いずれにしても、人類の生命への影響はもちろんのこと、経済や日常生活への打撃も半端なく大きく、現代社会の脆さを露呈した。

○…ウイルスとは生物と無生物の中間の微粒子だそうだ。その活動を生物学者の福岡伸一氏は「自己複製を唯一無二の目的とするシステムである」と定義する。自らのコピーを増やし続ける生命体とも呼ぶことができるが、代謝も呼吸も自己破壊もないことから生物とは呼べないという。

　そして、この不思議な物質と高等生物である宿主はお互いが融合する行動を見せるというのである。このことは、両者はもともと一体のものであり、ウイルスはそこから飛び出し、再び宿主のもとに返ってきて融合する。高等生物は融合することにより新たな遺伝子をもった宿主へ進化を遂げることになる。現象面だけみると、ウイルスの感染で死へと導かれるものであるが、新型ウイルスを受け入れた宿主はより進化した高等生物に生まれ変わることから、ウイルスと宿主は相互依存関係にあり、ウイルスを根絶したり撲滅するのは不

農業気象台

可能であるというのが福岡教授の説だ。

人類はこれまでワクチンや抗生物質などの開発で感染症を抑えてきた。しかし、ウイルスも生存するために必死に薬剤を無力化するために自らを変えて攻撃に耐えうるよう変身する。しかも変身速度は薬剤開発のスピードをはるかに超えており、両者の勝負は圧倒的にウイルスに有利だとされている。

かつて青かびから発見されたペニシリンは二〇世紀最大の発明とされたが、数年後にはペニシリンが効かない耐性菌が出現した。人類は細菌やウイルスを撲滅できると考えるのはとてもとても無理があると考え直す必要があるのではないか。

新型コロナウイルスの登場は、宿主として最も安定した人間に移り住むことによって自らの生存を確保すると同時に、地球環境を破壊しない新人類を登場させるべく陰謀を着々と進めているのではないかと想像したくなる。

○…さて、心配なのは経済への影響である。もともと綱渡り的な財政運営と経済状況である日本経済も今回の禍で極めて深刻な事態を迎えることになる。冷戦以降に進められたグローバリゼーションは経済の仕組みを複雑にしたことと中国依存の経済構造である。日本経済を牽引する自動車生産への影響も計り知れない。日常体感的に感じられるのはインバウンドで経済を活性させようとするやり方の危うさである。街では外国人の姿が極端に減った。海外との交通手段も減便が激しい。身近な生活では海外に依存するマスク入手が困難である。三か月が過ぎようとしているのに未だに店頭に並ばない事態だ。工業製品であるマスクですら国内製造ができない実態を農産物に置き換えてみたら、食料自給率三七％の日本の食料安全保障の危うさは想像できよう。

政府は食料は確保できるというが、すでに輸出規制を始めた国は少なくない。経済力があっても買うことができない時代が来ることも考えておかなければならない。そろそろ利潤追求競争から利益はそこそこにして安心して心豊かな生活ができる社会の仕組みを求めた方が良いように思う。そして、その動きは徐々に各地で出始めてきたことに期待したい。（よ）

特集：どう生かす　都市農地

都市農業振興基本法で都市農業はどう変わるか

会員　榊田みどり

二〇一五年（平成二七）に都市農業振興基本法が制定され、それに伴って都市農業をめぐるいくつかの制度も変更された。一九六八年（昭和四三）の新都市計画法の施行以来、「おおむね一〇年以内に市街化（宅地化）すべき」とされてきた都市農地（市街化区域内農地）が、「振興すべき」ものへと一八〇度位置づけが転換したことになる。

しかし、この新法の試行が本当に今後の都市農業振興につながるのか。都市農業者の高齢化や担い手不足も指摘されるなか、どうすれば都市農地を将来的に生かすことができるのか。テーマをそこに据え、四人の講師を招いて研究会を開催した記録がこの冊子である。

ここで簡単に、高度成長期以降の都市農業・農地の歴史を振り返っておく。新都市計画法が施行された背景には、一九五〇年代からの三大都市圏の劇的な人口爆発がある。ピークの六〇〜六五年、三大都市圏への転入超過数は、毎年三〇万人を超えた。なかでも東京圏（首都圏）は、六一年の年間約三八万人を最高に、二〇万人以上の転入超過が五五年から六八年まで続いた。一〇年以上、毎年二〇万人都市が新たに誕生した計算で、これに年間一〇〇万人近い出稼ぎ労働者も流入した。

急増する人口に、宅地はもちろん、食料や水、エネルギーも供給体制の再整備が求められた。六四年の東京オリンピック当時は、水不足から給水車が都内を走り、新聞には「東京砂漠」という見出しが躍った。農産物の広域流通網、首都圏への飲料水・工業用水確保のためのダム建設が強力に推進されたのもこの時期である。

宅地問題でも、六五年から四年間で、首都圏の宅地の地価は二倍に跳ね上がった。当時の新聞を開くと、六五年には朝日新聞が「爆発する都市」、六九年には毎日新聞が「土地と宅地問題」をテーマに連載記事を掲載している。宅地として期待されたのは、当時まだ都市部に広がっていた農地であり、地主である農家に批判の矢が向けられた。「日本の都市化は地価の上昇を生み、地価の上昇は農家に土地を手放すまいとする気持ちを起こさせ、その結果として非生産的な農地を農村にくぎ付けにしている」（朝日新聞六五年一月一〇日付「爆発する都市3　農村失格」）、「戦後の農地解放と同じように、政府が大都市周辺の土地を買って国有化し、それを庶民に再分配するよりないだろう」（毎日新聞六九年九月三〇日付「ショック！地価高騰　貯金追いつかぬ」）というように。

余談だが、この頃から首都圏の農協で、鉄道会社などと連携して組合員農家のアパート・マンション経営の斡旋を始めるケースが登場し、「住宅供給へ新たなホープ？」（毎日新聞六九年九月二五日付）と肯定的に報道されていることも付記しておきたい。今や農協の不動産事業はすっかり悪者扱いされている観があるが、時代のニーズが生み出した事業で、当時は世論から支持されていた歴史を知り、筆者自身、認識を新たにした記憶がある。

新都市計画法は、この状況下で施行された。自らの住居の地歴を調べると、同法による農地転用促進の恩恵に授かった都市住民は多数に上るはずだ。農地が宅地に提供されたことで首都圏がこれだけの人口を抱えることが可能になり、高度成長の下支えになったとも言える。

「都市計画区域」を設定し、その中の人口密集地を「市街化区域」として農地の宅地化を推進し、その外側に開発抑制地区として「市街化調整区域（グリーンベルト）」を配置する同法の基本的な考え方は、当時の欧米の都市計画と比較してもオーソドックスだったと思う。

ただし日本の場合は、都市化が急激すぎた。市街化区域とされた地区には、都市近郊農家として高い栽培技術とプライドを持ち、安定経営を維持していた営農意欲の高い農家がまだ数多く残っていたからだ。しかも、当初設定された市街化区域だけでは人口増加に対応できず、開発抑制するはずだった市街化調整区域も虫食い状に市街化区域に転入されるケースも相次いだ。

政策によって、突然、市街化区域に取り残される形になった都市農家の眼から見ると、それまで代々受け継いできた農地と営農を国から手放すように強要されたに近い。市街化区域内の農地は、それまでの農林省（現・農林水産省）から建設省（現・国土交通省）管轄に移行され、農業政策の対象からはずされた。さらに、七二年には、市街化区域内農地への宅地並み課税導入が打ち出された。高騰した地価に応じた固定資産税を納付すれば営農が成り立たない。これは市街化区域内の農家にとって、実質的に国からの強硬な「立ち退き」要求を意味していた。

激しい反対運動が起こり、七四年には政府も営農継続の意志のある農家の農地を「生産緑地」として宅地並み課税の対象外とする措置をとった。宅地価で計算される相続税も、営農二〇年継続を条件に免除する「納税猶予制度」が創設され、反対運動はいったん収まった。

バブル期の地価高騰と都市農業

一九八〇年代後半、バブル期に入ると、それまで沈静化した地価が土地投機によって再び急騰し、都市農地が再びバッシングの対象になった。実は、都市農地以上に土地投機目的で塩漬けにされていた土地のほうが多かったという事実が、バブル崩壊後に判明するのだが、なぜか当時は、都市農地だけがメディアで地価高騰のやり玉に上がった。

都市農地への宅地並み課税によって農地の宅地化を推進すべきという世論が再び強まっただけでなく、八九年（平成元年）の日米構造協議でも土地税制の見直しをアメリカから要求された。

その前年、八八年（昭和六三）の「総合土地対策要綱」では、すでに、市街化区域内に残る農地を再びふるいにかけ、「宅地化する農地」と「保全する農地」に分割する方針が示されていた。宅地並み課税を課さない「保全する農地」の条件として政府が新たに打ち出したのが、九二年（平成四）に改正された生産緑地法で、生産緑地指定には、新たに「五〇〇㎡以上」という面積要件や、「三〇年営農継続」という営農条件などが提示された。都市計画の中で、生産緑地は「将来の公共用地」と位置付けられ、三〇年後には、農家が自治体に買い取り申請をおこなえるという制度設計になっていた。

当時の都市農家にとっては、この「三〇年営農継続」というハードルへの反発が最も強かった。五〇歳の農業者は八〇歳まで営農継続する覚悟ながければ指定申請できない。途中でやめれば、九一年まで遡って積算された巨額の固定資産税を支払わなければならない。現実には不可能なことだった。この結果、改正生産緑地法施行の翌九三年には、生産緑地の指定面積は約一万五〇〇〇ヘクタールと、市街化区域内農地約一四万三〇〇〇ヘクタールの約一割にとどまった。（総務省「固定資産の価格等の概要調書」・国交省「都市計画年報」）

その後の市街化区域内農地面積の変化を見ると、九三年の約一四万三〇〇〇ヘクタールが、二〇一七年（平成二九）には約七万ヘクタールへと半減した。一方で、生産緑地面積は、九三年の約一万五〇〇〇ヘクタールが一七年には約一万三〇〇〇ヘクタールとほぼ横ばいを維持してきた。生産緑地法が、都市農地の保全に一定の役割を果たしてきたと言われる所以だ。

ただし、それ以上に注目したいのは、「宅地化すべき農地」としてふるい分けられたはずの生産緑地指定外の市街化区域内農地も、五割以上が存続している点だ。高い宅地並み課税を払いながら、なぜ都市農家は宅地化を選ばなかったのか。改正生産緑地法の施行がバブル崩壊とほぼ重なり、開発意欲が低下して地価が沈静化し、固定資産税が下がったことも一因と考えられるが、それ以上に、ここには「都市農家の行動原理」があると、今回の講師の一人、東京大学大学院教授・安藤光義氏は以下のように指摘している。

「都市農家の土地利用は、短期的な所得の最大化を目指すものではなく、長期的な視点から相続税支払いのための売却換金用更地の確保が第一とされ、それが市街化区域内の農地転用の阻害要因として作用してきた。それは逆に、都市農地を残す結果につながっていた」（安藤氏）

平たく言えば、多くの都市農家は、相続が発生した場合などのいざというときに売却・換金するために農地の一部だけを「宅地化すべき農地」としただけで、地価が上がろうが下がろうが、基本的に農地を可能な限り残しておきたいという意向が強かったのだ。

もちろん、農地を売却したり不動産業に転じたケースもあるが、現在まで営農を続けてきた都市農家の多くは、農地を資産としていかに高く売るかという不動産業界的な価値観では理解できない行動原理の下、国から存在価値を否定され、農地を吐き出すよう規制を強められても、農地を農地として守り続けてきたのだ。

都市農業に独創的な農業スタイルの誕生

現在、市街化区域内の農地面積は約七万ヘクタール、販売額は四五〇〇億円。（農水省「都市農業をめぐる情勢について」二〇一九年二月）。農地面積は日本全体の二％にすぎないが、販売額は全体の一割を占める。一戸あたりの平均経営面積は七五アールと全国平均の五割しかなく、年間販売額一〇〇万円未満の農家が約六割（全国平均では約七割）。会社勤務やアパート・マンション・駐車場経営との兼業で農地を維持しているケースが多い。

ただし中には、年間販売額七〇〇万円以上の農家も七％存在する。規模拡大が難しく、大型化した地方産地に市場競争では勝ち目がない。すでに共選体制が存在しない都市部ＪＡも多い。しかしだからこそ、独自の都市農業の経営スタイルが誕生してきたことにも注目したい。

第三八回日本農業賞で大賞を受賞した東京都練馬区「農業体験農園」園主会は、農業者が都市住民を入園者として募り、耕作の主体となって野菜づくりの資材提供と指導をおこなう「農業体験農園」事業を九六年（平成八）からスタート。農産物ではなく、農業体験の受講料を収益とする農業体験ビジネス化の先駆者となった。また、今回の講師の一人、東京都世田谷区の飯田農園の経営者・飯田勝弘氏は、それまでの野菜生産から区内で初めてブドウ栽培に着手し、八二年（昭和五七）から「あなたのまちでぶどう狩り」をキャッチフレーズにブドウの収穫販売を始め、八四年には仲間と「世田谷ぶどう研究会」を結成。〇四年にはワイン専用品種を導入し、山梨県のワイナリーに醸造委託した「世田谷ワイン」も販売している。

東京都内だけでなく、七三年に農家レストランをオープンし、農園料理と農産物の加工販売にいち早く乗り出した大阪府枚方市の「農園・杉五平衛」や、九六年に女性農業者六人で農産物直売所を立ち上げた福岡県福岡市の「ぶどう畑」など、今でいう六次産業化の先進事例が都市農業には点在している。消費者が身近にいるだけに、営農環境には制約があっても、アイデア次第でさまざまな販路確保が可能だけに、多様な生産販売の仕組みが組み立てられる。その強みを見出し、独自に生み出された新たな都市農業の経営スタイルだ。

今回の都市農業振興基本法を受けて翌16年に策定された「都市農業振興基本計画」に、「都市政策においては、農業を都市において発展すべき産業とは位置づけてこなかったが（中略）、都市の重要な産業と位置づけることが必要」と明記されたのは、これら先駆的な都市農家の存在があったからこそである。

都市農業振興基本計画と制度改正の概要

国交省が都市農業振興基本法の制定に前向きだった背景の一つに、いわゆる「二〇二二年問題」

がある。九一年に改正生産緑地法が施行され、翌九二年から指定申請を受け付けたため、二〇二二年には、今の生産緑地の八割が「三〇年営農継続」条件の期限を迎える問題だ。

前述のように、三〇年の営農継続後は、自治体に買い取り申請ができることになっているが、バブル期ならともかく、現実には自治体にその財政的余裕はない。結果的に、民間デベロッパーに農地が渡り、宅地開発されるというのが、これまでの生産緑地指定解除・買い取り申請後の既定路線だった。

二〇二二年を見据えて、すでにデベロッパー業界は、都市農家に農地売却やマンション建設・経営を勧める営業活動を活発化させている。日本が人口減少社会に突入し、すでに都市部でも空き家問題が顕在化しつつあるなか、大量の生産緑地が一気に宅地として吐き出されれば、空き家問題のさらなる深刻化や地価下落につながりかねない。国交省は、〇八年から「都市計画制度小委員会」で都市農地の位置づけについて議論を始め、〇九年には「必然性のある（あって当たり前の）安定的な非建築的な土地利用として活かしていく」と結論づけていた。都市膨張の時代は終わりという認識がこの頃からあったことになる。

一一年には農水省も「都市農業の振興に関する検討会」を立ち上げ、都市農業施策の見直しを始めた。それに先立って都市農家やＪＡ・農業会議など農業組織の間では、組織横断的なメンバーによる都市農業研究会が組織され、都市農業の位置づけの明確化を求め続けてきた。長らく農政から見捨てられ、「農地」とさえ位置付けられなくなった都市農地と都市農業の復権は悲願だった。講師の一人、原修吉氏は、東京都農業会議で約四〇年間、都市農政畑を歩み、都市農業の位置づけの明確化に奔走してきた。

この状況下で成立したのが今回の法律で、それに沿って都市計画制度、都市農業政策、税制の見直しがおこなわれた。ただし、注意したいのは、「都市農業」といっても、制度変更の対象となったのは、生産緑地だけである。市街化区域内農地全体や屋敷林、さらに、生産緑地制度のない地方都市の市街地内農地など、都市農業全体を視野に入れた抜本的な施策になっているわけではない。「今回の改正だけでは将来的に都市農業は消える」という悲観的な声も少なからずあることに、あらかじめ言及しておきたい。

その上で、今回の制度変更の概略を説明する。制度改正の柱は三本ある。一七年の「生産緑地法」改正。一八年の生産緑地を対象にした「都市農地の貸借の円滑化に関する法律（都市農地貸借法）」の施行。それらに伴う税制改正だ。

生産緑地法改正のポイントは、次の五点だ。①下限面積要件を五〇〇平方メートルから三〇〇平方メートルに緩和（市町村の条例制定が条件）、②道連れ解除への配慮（隣接する生産緑地との合計面積で面積要件を満たしていた場合、隣接農地の指定が解除され要件を満たせなくなっても、近隣農地と合わせて一団とみなすことを認める）、③用途制限の緩和（農産加工施設、共同直売所、農家レストランなどの建設を条件付きで認可)、④「田園居住地域」の創設(緑豊かな居住空間保全として、同区域内の農地開発は市町村の許可制に)、⑤特定生産緑地制度の創設。

特定生産緑地制度は、現行の生産緑地法での指定から三〇年経過し、生産緑地の買い取り申請が可能になる前に、新たに一〇年期限で生産緑地として指定し、買い取り申請を延期する制度。特定生産緑地の指定を受ければ、現状と同じく固定資産税の宅地並み課税対象からはずされるが、指定を受けなかった場合、五年間の激変緩和措置を経て、宅地並み課税へと変更される。

改正生産緑地法への申請で、最大のネックと思われるのが、後継者問題だ。都市農家の世帯主の平均年齢は70代になり、世代交代期を迎えている。後継者がいる都市農業者にとっては、今回の改正は追い風だが、次世代がサラリーマンで農業経験も営農意欲もない都市農業者の間には「今さら遅い」という醒めた空気も漂っている。「子供の負担にならないように、自分の代で農地の処分を決めなければ」という都市農家の声を、筆者自身も何度か聞いている。

農水省によって創設された「都市農地貸借法」は、この後継者問題の解決策のひとつにはなる。特定生産緑地に指定した上で、その農地の貸借を認める制度で、後継者のいない都市農家も、他の農家や参入企業に農地を貸す形で農地を維持するという選択肢が用意された。

すでに都市農地で市民農園事業を展開している企業もあり、今後、彼らのプレイヤーとしての活躍の場が広がる。今回の講師のひとり、諸藤貴志氏は、サポート付市民農園「シェア畑」事業を展開する㈱アグリメディアの創業者だ。

生産緑地の貸借が、今後どこまで広がるかわからないが、農水省によると、二〇一八年実績で、農業者への生産緑地貸借が、東京都一五件、神奈川県三件、京都府二件、愛知県一件の計二一件。市民農園としての貸付が二〇件。計四一件となっている。東京都日野市や小平市では、同法を活用して生産緑地での非農家の新規就農事例も登場しており、今後の動きに注目したい。

都市農業の価値を改めて考える機会に

昨年一一月、東京都練馬区で「世界都市農業サミット」が開催され、ニューヨーク、ロンドン、トロント、ソウル、ジャカルタの五都市から都市農業振興に取り組む人々を招いてシンポジウムもおこなわれた。実は当日、筆者は出張と重なり参加できず、知人の農業ジャーナリストに頼み込んで録音してもらって内容を聞いたのだが、強く印象に残ったことが二つある。

一つは、登壇者に日本でいう農業者がいなかったことだ。ロンドンは、二〇一二年のロンドン五輪を前に、ロンドン市内にコミュニティ農園を二〇一二か所作ろうとスタートした「キャピタル・グロース事業」を担うNPOのプログラムディレクター。カナダは、市議会で採択された都市農業アクションプログラムの顧問を務める研究者。ニューヨークは､市が推進する「グリーンサム事業」を担う市公園局の行政マン。すでに欧米の市街地には、農業経営を営む農業者は存在せず、増加している農園は、住民が担い手となるコミュニティ農園である。

二点目は、農業者のいない都市で、なぜ農地を創出し、住民主体の農業を推進しているのかだ。話を聞いていると、子供の肥満など食・健康への懸念の高まり、コミュニティや家族の崩壊による住民の孤立化の解消、所得格差による低所得者層の食料アクセスの確保、景観や地球環境改善などが理由として挙げられている。農業者不在の都市で、都市農地の価値が強く語られているのは新鮮な驚きだった。

農水省が都市農業の機能として、食料供給や防災機能、国土・環境保全、農業体験・交流など、都市農業の多様な役割を分析しているが、多くの都市住民には欧米のような切迫感がない。日本の場合、減ったとはいえまだ都市農業者が健在であるおかげかもしれない。

都市農業振興法の施行後、自治体による防災協力農地登録制度が増加し、三大都市圏で六九市区町村になった（二〇一八年度末現在。農水省）。また、自治体による都市農業支援策も増え、都市農業者自身が行政や地域の他組織と連携して軽トラ市やマルシェの開催、こども食堂やフードバンクへの食料供給、農福連携に取り組むケースも散見されるようになった。

今回登場していただいた四人の講師を含め、今後の都市農業の展望に関しては、悲観論、慎重論、楽観論さまざまある。読者のみなさんが都市農業とどう向き合うか、考える参考になれば幸いである。

（さかきだ　みどり　農政ジャーナリスト 明治大学客員教授）

都市農業・農地をめぐる制度改正の意義と限界

東京大学大学院農学生命科学研究科 教授　安藤　光義

東京大学の安藤と申します。よろしくお願いいたします。

都市農業・農地をめぐる制度がいろいろ変わりましたが、現実を見ると、果たして思うようにいくのかどうか。問題は、かなり残っていると思います。そうした問題点とこれまで都市農業・農地をめぐる政策や議論がどう展開してきたのかお話をさせていただければと思っております。

都市農業・農地をめぐる近年の情勢は大きく変わりました。これまで都市の農業・農地は、都市の邪魔者として扱われてきました。宅地並み課税の実施がそうでした。改正生産緑地法が一九九二年から施行され、相続税納税の猶予を受けるための要件を終生営農という大変厳しいものにしました。生産緑地の期限も三〇年とし、とにかく、農家に農地を吐き出させるための重税政策が一貫してとられてきたということです。

ところがその後、方向が一八〇度変わって、いつの間にか、農地は邪魔者から都市に必要不可欠な存在として見られるようになりました。ほんとうにその気があるのかどうかは疑問ですが、いずれにしても、制度は大きく変わりつつあるということです。社会の都市農地・農業に対する見方も変わってきているので、その期待に応えたいということなのかもしれません。

高度経済成長によって、農村から都市に人口が大量に移動しました。そうして、都市部で無秩序な開発がおこなわれると大変ですので、良好な「まち」づくりを進めるために都市計画法がつくられました。市街化区域内では宅地・住宅の供給が求められました。都市計画法によって、市街化を進める地域と開発を抑制する地域とに分けて、市街化区域で集中的に開発を進めていくことにしました。当初、市街化区域内の農地については一〇年以内に市街地にするということでした。そのため、農林水産省も市街化区域内については建設省に譲り、農地の転用については農業委員会への届出だけでかまわないということにしました。この時代の政策文書等を見ると、建設省としてもここまで譲ってもらえるとは思っていなかったということが書かれています。農水省としては、もう建設省に譲ったので市街化区域内については関係ないというのが、これ以降の首尾一貫した対応だったと思っています。

しかし思惑とは異なり、市街化区域内に大量の農地が囲い込まれたまま取り残されることになったわけです。当時、市街化区域内ではまだ、農業を一生懸命されている方もいらっしゃいました。税金が高くなるのは嫌だ、市街化区域内に入らないという方も少なからずいたため、当面は宅地並み課税をおこなわないという大臣発言もあり、市街化区域内に入ったほうが得だという話となって、過大に市街化区域が設定されたという面もあったと思います。ただ、そういう発言がもしなければ、市街区域は十分な面積の確保ができなかった可能性もあるので、この辺りの評価は難しいと思います。いずれにしても、かなりの面積の市街化区域が設定されたことで、そこに農地がずっと残ってきたということが、都市農業・農地問題の発生の原因と言えるのかもしれません。

農地が支える都市の緑地空間

その後、日本の社会経済情勢は大きく変化しました。人口減少社会へ転換し、農村から都市への人口移動が終焉し、都市は膨張せずに、縮退が始まりました。開発・転用の時代は終わりましたが、住宅メーカなどはまだどんどん家を作り続けています。そして、失われて初めて気づくものとして、農地を含めた緑地空間が意識されるようになりました。いったん用途を決めたら戻せないのが土地です。農業は大切だと考える人たちも増えてきて、農村を知らない子供たちも増え、都市住民の価値観が大きく変わってきました。農村への移住・田園回帰が一つのブームになっているのは、そうしたことの反映だと思われます。

そうしたなか市街化区域内の農地はどんどん減り続けています。生産緑地は何とか持ちこたえていますが、もうすぐ指定から三〇年が経過しますので、その後は生産緑地が解除されて転用がどんどん進んで行くのではないか。そうなると、農地がほんとうに消えてしまう。宅地化農地を選択したところが減っていくのは仕方ありませんが、生産緑地という最後の一線が切れるとどうにもならなくなってしまうでしょう。

世界の主要都市における一人当たりの公園面積を見ると、東京は非常に少なく、その少ない緑地を補ってきているのが農地です。都市農地がなくなってしまえば、緑地空間はさらに減少してしまう。劣悪な住環境の一層の悪化、災害に弱い都市がさらに弱くなってしまう。避難場所としての空間がなくなるし、緊急時の食料供給機能もなくなってしまう。このような問題を抱えているなか、とにかく農地は残していきたいという意識も出てきました。

ただ私は、本来こうした農地や緑地は公的に保障されるべきものだと思っています。例えば、今残っている農地などを東京都等が買い上げて残したほうが良いのではないかと思っています。試算したところ、八兆円くらいかかってしまいます。しかし、都市の農地は全て農家の私有財産として残っているわけで、その農地に都市がただ乗りしている状況が続いているがゆえに、この問題が生じていると言えます。

生産緑地として三〇年が経過すると、解除され、それもなくなってしまう。そうすると、都市に緑がほんとうになくなってしまうのではないか危惧されます。そういう危機意識が、国土交通省等にはあるのだと思います。

税務大学校の方が、私の農政学の授業を受けに来られたことがありました。彼の関心は、三〇年が経過して生産緑地が解除された後の土地の固定資産評価がどうなるかでした。農地が宅地に転用され、大量に供給されることになるのではないか、そうすると、土地の需給バランスが崩れ土地の価格が大きく下落する。そのとき路線価を大きく下げ、固定資産評価も下げることができるのか。おそらく実勢価格のほうが路線価などの評価額よりも大きく下がるため、様々な問題が生じます。そうした可能性があることを、税務関係の方は考えているようです。生産緑地が三〇年経過した後には、様々な問題が生じる可能性があるわけです。そうした問題が出てくることは、人口減少社会を予想すれば以前からわかっていたことです。

ともかく、都市に農業・農地は必要不可欠な存在という社会的認識が高まってきました。国交省と農水省に、都市農業・農地に関する検討会が設置され、都市における農地の位置づけについての検討が開始されたのが、前の政権のときでした。そして、都市農業基本法が現政権で制定され、現在、税制も含めて詳細が詰められていて、最終的な承認という段階まで、なんとか来ました。非常に高い社会的必要性がある一方で、農家の私有財産でもある農地を社会的に位置づけて、税制でもそれなりの手当てをするのはかなり大変なことであったと思います。それがうまく承認されればいいと思っています。

都市に農地を認めない生産緑地法

都市農業振興基本法が二〇一五年、都市農業振興基本計画が二〇一六年に制定され、市街化区域内における農地は「不可欠な土地利用形態」と位置づけられました。ただし、これらの法律はあくまで理念法でしかなく、どういう形で実施していくかについては今後の課題となっています。

そこでカギを握るのは地方公共団体です。市町村が基本計画を策定し、その中で農地が位置づけられ、農地が守られ、農業を振興する方策が講じられるということです。目玉は、相続税納税猶予を受けている農地も賃貸借ができるということです。これが一番大きなことだと、私は思っています。生産緑地制度については、その要件がすでに緩和されており、指定後三〇年経過したものについては、その後一〇年での更新ができるようになりました。面積要件も五〇〇平方メートルだった下限が、地方公共団体の裁量によってはそれを三〇〇平方メートルにまで下げられます。ここで、地方公共団体の姿勢が問われることになります。生産緑地の追加申請を認めていない地方公共団体もありますので、開発志向が強い所では、こうした制度改正は意味を持ちません。これがまさに限界ということかもしれません。

ここまでできるようにはなりましたが、それが実現するかどうかは、まさに地方公共団体の姿勢にかかっているわけです。生産緑地の追加指定さえ認めないという市町村や都道府県があるとすれば、そこをどうするかという問題があると思います。

政策の変化を整理してみると、一九七一年の税制改正で市街化区域内の農地の宅地並み課税が実施されるようになりました。それを受けて、旧生産緑地制度が七四年にできましたが、ほとんど実績は上がりませんでした。八〇年に相続税猶予制度ができ、二〇年間の営農を条件に、農地の相続税評価を農業投資価格、だいたい一〇アール当たり一〇〇万円を切るくらいの評価でおこなうことができるようになりました。これが、都市農地保全に大きな効果をあげました。そして、八二年に長期営農継続農地制度ができます。これもかなり有効な制度だったと思います。一定期間（五年以上）の営農を条件に市街化区域内の固定資産税の宅地並み課税を自治体が免除する制度でした。

こう見ると、地方公共団体もずいぶん変わったものです。以前は、農地を守るためにこのような制度を地方公共団体が自主的にやっていったわけです。徴収した宅地並みの固定資産税を農家に返還していたという現実がその背景にありました。これも、都市農地の保全に大きな効果がありました。相続税猶予制度と長期営農継続農地制度は非常に大きな効果をあげたのです。それに対して、旧生産緑地制度は全く効果も上がらず、実績も上がらなかった。

九二年の改正生産緑地法の施行は、まさに、都市に農地はいらないということを宣言した制度改正だったと思います。三大都市圏の市街化区域内農地が相続税納税猶予制度の適用を受けるためには、生産緑地の指定が必要になりました。五〇〇平方メートル以上、三〇年間が条件でした。且つ、相続税納税猶予制度の適用を受けるためには終身営農が条件とされました。まさに、農地を吐き出せ、そうしないと税金をかけるぞということでした。

もし相続税納税猶予制度を使って農地として守るのであれば、その農地は生涯転用できないとしました。宅地化か生産緑地かという踏み絵を踏ませた結果が、大量の宅地化の選択だったというわけです。生産緑地指定は全体の三割前後だったと言われています。このような制度改正がおこなわれてきたわけです。そういう意味では、生産緑地法というのは、あまりいいものではなかったと思っております。

高い固定資産税を払いつつも残す

そこまで規制が強まると、こんなことではもうやっていられないと、農地をみんな転用して、自分の代で大金持ちになって引退してもいいという気持ちになるかもしれません。しかし、多くの都市農家はそういう行動をとってきませんでした。普通、こんな追い出しにあえば、あっという間に農地は全部転用されていたと思います。

しかしながら、都市農家にとっては、家屋敷地を維持することが重要でした。広い屋敷地を維持するには結構高い固定資産税を払わなければなりませんが、先祖代々の屋敷地を縮小するには勇気が要ります。農業所得の不足を補うための賃貸用不動産からは多くの収入があるかもしれませんが、その分固定資産税もかかってきます。そのため全ての農地を賃貸用不動産には回さず、相続が発生したときなど、いざというときに売却できるようにしておこうと考えます。何かものを建ててしまうと売却できませんので、可能な限り開発せずに、更地として、固定資産税の低い農地として残すということになります。とくに昭和四〇年代から五〇年代の初め頃には、こういう農家が多かったと思います。そして、残すべき農地については、とくに三大都市圏特定市では、相続税納税猶予制度の適用を受けることを視野に、生産緑地の指定を受けてきました。

そういう意味では、都市農家の土地利用は、短期的な所得の最大化を目指すものではありませんでした。経済合理的に考えると、そんなに税金を取られるくらいなら、転用するか売り払ってしまったほうがいいわけですが、それは短期的な所得の最大化です。経済学的にはそのように行動するのが正しいわけで、そのように行動しないのは無能だと考えられていました。しかし、そうではなく、彼らはむしろ長期的な視点から考えていたのです。その結果、相続税支払いのための売却換金用更地の確保を第一とし、農地をむやみに転用しないことにしました。それによって、子々孫々にわたって家が続き、農地を残すということにつながると考えたのだと思います。

だから生産緑地法を改正して都市農地の追い出しを図ったときも、一定程度は農地が転用されずに残ったわけです。宅地化農地も、相続税支払いなど必要があるときまでは高い固定資産税を払いつつも残し続けてきているわけです。当時の国交省から見れば、そうした農家の非合理的な行動が市街化区域内農地の転用促進の阻害要因としてその目に映っていたことでしょう。しかし、今となっては、そのお陰で貴重な農地がこれだけ都市に残されてきたと言えるのです。

しかし、それも限界に来ているということが、今日お話しする内容になろうかと思います。

開発・転用の時代は終わり農地は残った

農地については相続税納税猶予を受けたとしても、農家の家屋敷地はけっこう広いので、かつ賃貸用不動産も持っているため相続税の節税には限界があり、やはり少しずつ農地を処分せざるを得ません。したがって、すぐには農地はなくならないものの、やはり少しずつなくなっていきます。いろいろな制度改正がおこなわれてきてはいますが、この肝心の部分に手を触れることはできませんでした。そういう意味では、政策にはそうした認識が欠如しているのではないでしょうか。各アクターは経済合理的に行動しますが、都市農家はどういう行動をとったのかを正しくは見ていなかったのです。理解しようとしなかったのかもしれません。そうではなく、私は、こうした視点からこれまで都市農地・都市農業を研究してきました。

こうして農地は残ってきたわけです。人口減少社会で都市の縮退が始まり、開発・転用の時代は終わりました。そして、市街化区域内に農地は残っているのですが、それは先ほど申し上げた都市農家の行動原理のなせるわざでした。しかしながら、都市農地の最後の防波堤としての生産緑地も、都市農家の行動原理が変われば、当然残りません。都市に足りない緑地を農地が補うということもできなくなってしまいます。都市農家が私有財産として守る農地にただ乗りしてきた都市ですが、このただ乗りがもうできなくなるということです。

都市農業の振興に関する方向性は前の政権のときに、かなり検討されていました。私も委員として加わっておりました。その報告書には、先ほど申し上げたようなことが書かれております。都市農業・都市農地をめぐる動向と政策の推移として、バブル経済崩壊で諸制度が時代に合わなくなり、都市農家に農地を吐き出させるような制度は時代遅れになったということです。都市農業・都市農地の存在意義として、地産地消による新鮮で安全な食料の供給、農業体験・交流活動の場の提供、防災空間として貴重なオープンスペース、良好な景観、ヒートアイランド現象の緩和、国土・環境の保全、そして農業への理解を醸成することなどがあげられました。

住民の都市農地とのかかわり方も大きく変化しました。都市住民を巻き込んでいく動きが都市農業に見られるようになりました。これは、まさに社会が成熟した結果であり、価値観も変わってきたということです。住民の農地・農業に対するかかわりを深めていかなければいけないとされました。また、住宅と農地が共生するまちづくりを進めていこうとしました。三大都市圏においては、生産緑地地区の面積を上回る二万四〇〇〇㌶もの空き地が存在している一方、相続税の納付等を契機として農地が売却され個別の開発・建築需要に充てられているという問題も指摘されました。空家率が上昇しているにもかかわらず、市街化区域内において年間三~四〇〇〇ヘクタル台の農地が宅地等に転用されていたのです。農地はたいせつで守らなければいけないと言っているにもかかわらず、空き地や空き家がたくさんあるにもかかわらず、相続が発生すると相続税を捻出するため農地が売られ、転用されて失われていくという矛盾した状況が、そのときから指摘されていたわけです。

相続税によって減っていく農地

これも前の政権の時の研究会で言われていたことですが、国民的理解の醸成、世論の後押しが必要です。それを言い訳にして、政府は税制改正等から逃げてきたわけです。都市農家はけっこう広い家に住んでいて、いい車に乗っていたりするので、どうして都市農家だけが優遇されるのかということになってくるからです。

都市農業の振興・都市農地保全のための取り組みの推進という点では、地方自治体の実情に応じた方針の明確化をして、講ずべき政策としていくつかがあげられました。学校給食を含め地元産の新鮮な食料の供給をすること、住民と行政と農業者の間のコーディネートの必要性、市民農園等の農業体験の機会の充実、福祉と教育との連携も含めた住民を対象として農業指導、防災協力農地の充実、そして環境用水等の水路の管理主体の検討などです。

　これまでも取り組まれてきた内容ですので、それほど目新しいものはありませんが、とくに財政関係者からの視点として、応益共同負担を導入しなければいけないことが指摘されました。都市農地の便益の享受者から費用を徴収して、ただ乗りを防止する必要があるということです。例えば東京都が農地を必要だとして買い取った場合、その農地の緑の便益を享受している人たちは、その分の税金を支払う必要があるということです。ただ、そうなってくると、直接的な関係のない人は、その農地からの便益を享受できないかというと必ずしもそうではなく、その仕分けが難しくなってきます。しかし財政に制約がある中では、こうしたことも考慮していかなければならないでしょう。

　こうして、諸制度の見直しの検討において指摘された事項は、現政権でかなり実現してきています。しかし、直面している問題がいくつかあります。相続税支払いのための農地売却という問題です。東京都農業会議の調査から、相続前の農地面積と相続後の面積を見ると、相続税を支払うとやはり農地が減少しています。もともと農地がたくさんあれば、減少率は小さくなります。生産緑地の指定率が高ければ農地面積の減り方は少ないように見えるものの、相続が発生すると、その分農地は減っていくのが実情です。相続に伴って農地面積がどれだけ減ったかを見ると、農地面積の大きい農家ほど生産緑地の指定率が高いのですが、一ヘクタール未満の農家だと生産緑地の指定率が八〇％以上でも相続で農地が消えてしまったという農家がけっこう出てきます。

　こう見ると、都市農地が残されていく可能性は低いと見られます。農地が一定面積を切ると、農業だけでは生活が厳しくなってきますので、後継者に農業を続ける意思があるかどうかという偶然的な要素によって、農地が残るかどうかが決まっていくことになるかと思います。

また、ＪＡいるま野の資料を使って、相続財産に占める農地の割合と相続税納税猶予制度による相続税削減の割合を見てみます。例えば、相続財産に占める土地の一〇〇％が農地だと、全てについて相続税納税猶予を受ければ相続税は相当少なくなります。その割合が高いほど、相続税納税猶予を受けて税金を減らすことができることがわかります。

ただし、納税猶予を受けずに農家をやめる人もいます。そうした人の農地を買い取って農家に参入する人はいませんから、いずれ都市農地は先細りになっていきます。このように相続税納税猶予制度による節税には、限界があります。相続した土地資産の総額と支払った相続税額を見ると、もちろん相続土地資産総額が大きいほど相続税も大きいのですが、相続財産に占める農地の割合が五〇％未満のほうが土地資産総額は大きく、支払い相続税額も多くなります。

農地以外の不動産や家屋敷が増えてくると、農地については相続税納税猶予制度を使って節税ができたとしても、相続税総額は大きくなり、農地は残らないということになります。

ほかに指摘された問題として、農地以外の土地は相続税納税猶予制度の対象にはならないこと、相続税納税猶予制度の終身営農はハードルが高いということ、固定資産税の宅地並み課税で営農が困難になっていること、相続税納税猶予を受けた農地は貸せないこと（これは今回解消されました）、そして生産緑地要件の指定要件が厳しいことがあげられました（今回の改正で、更新の場合は一〇年となり、五〇〇平方メートルは三〇〇平方メートルまで下げられることになりました）。

このように、前政権において検討されていた論点は現在にも引き継がれています。生産緑地面積の下限が引き下げられ、その貸借が認められる方向となり、生産緑地が更新される場合は一〇年が要件になります。税制改正についても大変だったとは思いますが、何とか成果を上げることができたようで、この点は大きかったと思っています。

また、三大都市圏以外の市街化区域内でも相続税納税猶予を受けた場合、終生営農をしなければいけないのではないかと危惧していましたが、それは二〇年のままとなりました。貸借も可能になりましたがこちらはそのようにはいかないようです。しかし地方圏では、そもそも生産緑地は少なく、追加指定を認めない所もあるなど、地方公共団体に農地を残そうという意欲に乏しいことが大きな問題です。私の感覚としては都市農業・農地維持のための運動が成果を上げ、ようやくその収穫は始まったものの、手遅れだったかもしれないというものです。

先祖代々の屋敷地を維持し農業をする

解決された課題もありますが、残されたままの課題もあります。

一つ目は、緑農地制度の創設です。相続税納税猶予制度を受けても、都市農家は農地を切り売りしなければ相続税を支払えません。都市農家は短期的利益の拡大を目指して農地の転用・不動産賃経営をおこなっているわけではありません。したがって税金でいじめられても、先祖代々の屋敷地を維持し、農業をしながら生活ができればそれで十分だと考えて、生き延びてきたわけです。所得構成から見ると不動産賃貸経営ですが、暮らしぶりや生活は専業農家だという農家もいるわけです。こうした都市農家であったればこそ、農地や屋敷地、山林は残されてきました。温室などが建っている農業用施設用地は農業生産設備なので、本来であればそれも相続税納税猶予制度の対象に含めてほしいとも思います。コンクリート農地という考え方も認めらたようですので、そうした敷地も農地として制度的に認められれば、農家はたいへん助かったでしょう。

横浜市の緑被地全体に占める樹林地の割合は一七％に上り、これは農地よりも多い。農地以上に、樹林地は都市の重要な緑空間となっていますが、これに対する相続税納税猶予制度はありません。したがって、相続税の支払いのために樹林地は売られていってしまいます。都市近郊の緑を残していこうとするならば、農地だけではなくて、ここまで手を広げて守る必要があるでしょう。平地林を売却して相続税を納税した事例を見ると、相続人が多いことから控除額も大きいのですが、それにもかかわらず、数億円という相当な金額が相続税としてかかっていました。農地については納税猶予制度でかなり安くなりますが、宅地や平地林はそういきませんので、相続税を支払うために軒並み平地林を売却していました。

横浜市では、そうした所に分譲マンションが建てられるようですが、ほんとうは買い取ってそうした緑を維持したいと市は思っているのですが、買い取る費用がない。そうして貴重な緑が失われ、人口減少時代にもかかわらずマンションが建っていくことになっているのです。

二つ目の課題は、市街化区域内農地の賃貸借の促進です。以前は、市民農園に貸してしまうと相続税納税猶予制度の適用を受けられませんでしたが、この障壁はなくなります。この制度が機能するためには、その農地を耕したいと思っている人がたくさんいて、そういう人たちに農地をつないでいくことができるかどうかにかかっています。

三つ目の課題は良好な都市環境形成のための農地の保全策です。農家が耕せなくなってきていますので、それを農協等が支援をするという仕組みも必要でしょう。耕してくれる市民を増やす、市民の農民化を進めるための取り組みが、例えば、神奈川県の秦野市で農協を中心に熱心におこなわれています。

四つ目は、宅地から農地への転換です。市民耕作ゲリラ、あるいは最近では、直接農地を対象とするものではありませんが、千葉県柏市でのカシニワ制度があります。空家の庭を活用しての協働の取り組みがおこなわれています。このように、空家・空き地を農地に戻すことができるといいのではないかと思います。

五つ目は、現行制度の改善です。これは部分的に実現しています。ただし、協力的ではない地方公共団体の存在が壁となっています。

そして、最後の課題は公有地の拡大による農地の保全が必要だということです。相続税の物納要件を緩和して、農地の物納を増やし、それを地方公共団体に長期貸与して農地を保全したらどうでしょうか。いわば、相続税納税猶予制度の応用ですが、国税庁としては収納した財産を現金化して国庫に納めることが本来の仕事ですから、難しいかもしれません。さらに言うと、評価額より実勢価額が低いという状況がバブル崩壊後に生まれ、物納したほうが納税者には有利となったことがありました。売却して換金しても評価額に達しないためです。そうなって国は困ったため物納要件を厳しくしていきました。しかし、これはいわば国の資産評価の誤りともいうことができるでしょう。

それと同じ事態が、今度の生産緑地指定後三〇年が経過して農地が一斉に供給されると、土地の実勢価格が急激に下がって生じる可能性があります。相続税として物納された土地を換金することが難しいので、現在、物納は認めない方針だと思いますが、バブルが崩壊したときは、節税対策で評価額が実勢価格よりも高い物件を買っておいて、相続が発生したらその物件を物納するということがおこなわれていたとも聞いています。

住宅があり、バランスよく農地もあるという、一見理想的な「まち」も相続が発生すれば農地は転用されて、やがてなくなってしまいます。良好な「まち」をイメージするのであれば、農地を公有地として永遠に残すか、住宅所有者の共有地として、いわば宅地の一部分として扱うようにしなければなりません。必要な農地は、国が買い取るか、円滑な物納を認めて国が地方公共団体に貸与するかしないと、永続的なものにはならないでしょう。最後は財源にかかっているということです。

首都圏近郊、通勤圏都市の調査を見ると

神奈川県秦野市は県西部で、通勤限界地といえる地域です。人口は二〇〇〇年以降微増傾向でしたが、二〇〇八年以降減少しています。総農家数一四七五戸で、うち専業農家は二三三戸あります。都市農業振興基本法に先駆けて、二〇〇八年に秦野市都市農業振興計画を策定し、都市農業振興計画推進会議を設置するなど、都市農業振興に早くから取り組んできた先進的な地域です。

農地転用面積の推移を見ると、まさに減少傾向にあり、そのほとんどが市街化区域内農地の転用です。農用地区域内の農地はほとんど減っていません。開発意欲が衰えていて、農地は持っているが転用を待っているということは、少なくとも市街化調整区域と農用地区域についてはありません。市街化区域でまばらに転用が進んでいる状況です。宅地化農地は、三四九㌶あったものが一一七㌶と、急速に減ってきています。生産緑地は一〇〇㌶以上を維持していて、この生産緑地が今後どうなるかが、今後の重要な課題です。都心へ行く場合は一時間以上かかる通勤限界地となるのでこれ以上アパートやマンションを建てても恒常的に満室になるような状況は望みにくいと思われます。

相続税納税猶予制度の適用を受けている農家は四六六戸あります。市街化区域内の生産緑地の割

合は四六・六％とかなり指定率が高くなっています。農地が守る体制ができていると言っていいでしょう。農業振興も農協が熱心に取り組んでいますし、都市農家がこのまま残ってほしいという期待をもたせる所です。つまり秦野市は、人口は増加の鈍化から減少に転じ、農地転用の圧力は低下しています。農地転用はもっぱら市街化区域内で、生産緑地は減っておらず市街化区域内農地の約半分を占めています。生産緑地の四分の三以上が相続税納税猶予制度の適用を受けています。ＪＡ・市とも農業振興に積極的で、今後も生産緑地は維持されるかどうかが問われている状況です。

そうした秦野市においてＪＣ総研と共同でアンケート調査をおこないました。ＪＡ資産管理部会員四〇〇戸に配布して、一三九戸から回答を得ています。調査農家の現状を見ると、市街化区域内に持っている農地は平均二五・四アールでしかなく、そのうちの生産緑地率は五三・八％です。生産緑地に占める相続税納税猶予制度の適用率は四分の一ですが、これには誤記入があるかもしれません。農作業の中心は六五歳以上が四分の三で、農産物販売金額は五〇万円未満が六割を占めており、零細な高齢農家が中心で、露地野菜が中心です。農業後継者がいる農家は一三軒しかなく、後継者なしが半分で、未定と合わせると四分の三近くになります。こういう人たちが零細な生産緑地を抱えているということです。

宅地化農地を農地として残している理由を聞いたところ、自家用農産物を作っているという理由もありますが、一番多いのは、納税資金確保のためでした。何かあったときに、そこを売却してお金に換えて相続税を払うという人が半分くらいいます。したがって宅地化農地は、相続が発生すれば消えていくことになります。宅地化農地を生産緑地に追加指定するかどうかについて、面積要件が下がったらどうするかを聞くと、指定を受けたいという人は八・九％しかなく、大半は望んでいません。従って、五〇〇平方㍍という面積要件が三〇〇平方㍍になったからといって、追加指定は増えそうにありません。生産緑地はそもそもの条件が厳しいし、今後の転用・売却の予定もあるから指定を望まないということです。そこで五〇〇平方㍍未満の宅地化農地を所有している農家を対象に、面積要件が引き下げられたら生産緑地の指定を受けるかどうかを聞いたところ、あまり多くはなく、今回の制度改正で面積要件を下げてもそれほど効果はないと思われます。

　生産緑地の利用制限が一〇年程度に緩和されたら指定を受けるかと聞いたところ、四割強の人が指定を受ける意向だと回答しています。面積引き下げよりも期間の短縮の方が、効果が高いということです。もっとも後継者がいる場合には、生産緑地の指定を受ける可能性が高いですが、後継者がいないと制度改正をしても効果は上がらないのではないでしょうか。つまり農業後継者がいるかどうかが、この制度改正が都市農家の存続にとって意味を持つかどうかの決定的な意味を持っているのです。相続税納税猶予制度が適用されている農地の賃貸借を認める制度改正についても、農業後継者がいる場合は制度改正を望んでいる割合が高いのですが、農業後継者がいないと制度に関する関心そのものが低くなっています。

以上から、農業後継者がいるかいないかが決定的に重要であり、後継者がいないと、せっかくの制度改正もプラスには働いてくれないということです。そして、相続が発生し、相続税の支払いと市街化区域内農地がどうなるかについて、アンケート調査結果からは、次のようなことが言えます。相続が発生した場合には、農業後継者がいるかいないかで、農地の残り方に大きな差異が生じています。後継者がいる場合、相続税がかからない人と農地を売らずに相続税を支払うことができるという人を合わせた割合は五〇％です。農地を売却するという人はほとんどいません。農業後継者がいる場合は、農地は残ります。それでも、農地の一部を売るというのは三三・三％ですから、三分の一は切り売りされてなくなってしまいます。しかし、農業後継者がいないと、三割が全ての農地を売却するとしています。後継者がいないと市街化区域内農地は残らず、制度改正も生きてきません。つまり、肝心の農地が残らなければ、相続税納税猶予制度を受けている農地の貸し借りが認められたとしても意味をなしません。

農業後継者がいなければ農地は残らない。

農業後継者がいる農家は少数派ですので、市街化区域内農地の減少は必至です。そうすると、農地の残らない所に制度改正をして、何の意味があるのでしょうか。

以上をまとめると次のようになります。市街化区域内農地を所有している農家は小規模・自給生産的な高齢農家が大半を占めていて、後継者の確保率も低い。宅地化農地は相続時に売却されるために減少が続きます。生産緑地制度の要件緩和は、面積緩和よりも期間短縮のほうが効果は高く、生産緑地の一〇年更新にはおそらく多くの手が上がるのではないではないかと考えられます。しかし、農業後継者の有無が制度改正の効果を大きく左右します。農業後継者がいて農家が存続してくれれば、制度改正はプラスに大きく働きますが、農業後継者がいなければ、そもそも市街化区域内農地は残りません。しかし、農業後継者のいる農家は少数派です。制度改正そのものはとてもいい改正なのですが、後継者が残らなければ都市に農地は残らずに何の意味もありません。

生産緑地が貴重な緑空間となっている秦野駅徒歩二〇分圏の農家一三戸からヒアリングをおこないました。アンケート調査での農家の市街化区域内農地の平均所有面積は二五・四アールですが、ヒアリング調査農家の平均は五〇・九アールです。面積が大きく、農業に熱心な農家からヒアリングをおこなったということです。販売金額なしの農家が四戸、一〇〇万円以下の農家は八戸と多く、農産物販売金額よりも支払っている固定資産税等のほうが大きい農家がほとんどです。ほとんどが不動産賃貸業で生計を立てていますが、一戸建ての貸家を持っている農家が多くなっています。これらは、昭和三〇年代、四〇年代に建てられたものが多く、秦野市では早くから「一戸建て貸家の不動産業＋農業」という都市農家の形を確立していたようです。そのため、その後農地転用はいったん止まり、生産緑地への指定率も高くなったと考えられます。生計が成り立てば、それ以上の転用は求めないのが都市農家であり、そのお陰で都市に農地が残されてきたと言えます。しかし、次の世代はそうはいかないでしょう。

アパートの建設がバブル経済以降、つまり生産緑地制度の改正以降に出てきます。宅地化農地の税金を支払わなければならないための行動だと考えられます。最近は、相続税対策として、借入金を起こして、アパートを建設するケースも見られます。世代交代によって、都市農家はこれまでとは違う行動原理、違う形になる可能性が出てきました。

高齢の世帯主が農業を継続して農業を守っています。後継者は就農日数が零日の人が四人、五〇日以下の人は七人と、ヒアリング農家全体の過半を超えます。後継者の存在状況からすると、次の相続で宅地化農地は売却されてなくなる可能性が高いと思われます。市街区域内農地六六二アールのうち、いま四七六アールある生産緑地は将来的には半減する見込みです。市街化区域内農地は半減、生産緑地は三割減です。

たとえばある農家は、家の周りはもう転用せず生産緑地として残し、家から離れた転用しやすいところを宅地化農地としています。そういう所から処分していきます。これが一般的な都市農家の土地利用になるのではないかと思われます。だいたい三〇〇坪から六〇〇坪とかなり広い屋敷敷地を死守し、隣接する農地は生産緑地に指定して残し、宅地化農地についても自宅に近い所は可能な限り残していくというパターンです。しかし、自宅近くに残った農地が都市計画上必ずしも必要な農地となっているとは限らないという問題はありますが、量的には都市の農地を残すという方向に働いています。

　しかし、そうしたパターンとは異なる行動をとる農家もあります。高齢の父親が亡くなったとき、市街化区域内に九〇アールの農地を持っていましたが、生産緑地法の改正によって、五〇アールは生産緑地の指定を受けたものの残りの四〇アールは宅地化農地とし、そのうち一五アールを分譲用宅地として売却しています。驚いたことには相続税対策として七〇〇坪の屋敷地を処分しました。一番合理的なのは、アパートに住み、全部の農地に相続税納税猶予制度を受けて、農業を続けるという形です。そうすれば農地は残っていきます。しかし、普通の農家はそのようなことはしないはずです。屋敷地を守りながら農地も守っていくというのが通常の農家の規範です。ところがこの規範が変化し、このように屋敷地を縮小するようになると、最低でも自宅の周りの農地は残していくという行動パターンは消えてしまい、農地の転用が一気に進む可能性があります。将来的には生産緑地も解除されてなくなってしまいます。

　このように、後継者が確保できないだけでなく、都市農家の行動原理が、かつてのバブル経済時に政府が想定していたようなものに変化していけば、農地は持ちません。この変化は農家の消滅を意味しています。そのとき、後継者の抱える預金は農協ではなく、市中銀行に流れるかもしれません。そうして、都市農家は次第に農協から離れていってしまうことになるでしょう。

以上をまとめると、宅地化農地は将来的には消えていきます。生産緑地は残りますが、市街化区域内農地の減少面積は続きます。制度改正は好ましいものでしたが、遅きに失したということです。九一年の生産緑地法の改正は無用でした。都市農家に後継者がいなければ都市に農地は残りません。都市に農家が残らなければ、制度改正は意味をなしません。アンケート調査によれば、秦野市では後継者の確保は不十分で、現在の制度改正は手遅れだと考えられます。生産緑地制度については、面積要件の緩和よりも利用制限年数の短縮（現行三〇年を一〇年に）のほうが効果は大きかったということです。

ヒアリング調査によれば、屋敷周辺の農地はまとまって残る傾向にあり、これは都市農家の行動原理の反映ですが、将来的には市街化区域内農地は半減してしまいます。生産緑地も七割くらいになってしまう。税金対策で屋敷敷地を縮小する農家が現れていたが、そういう農家が出てきていたのは衝撃的で、今後の都市農家の行方を占ううえで大きな変化だと考えられます。

屋敷敷地や農地を維持し、先祖代々の土地を守るという感覚は徐々に薄れてくると思われます。本当に農地を残したいのであれば、農家の私有財産にフリーライドするのではなく、公がきちんと購入して残すための予算を確保しなければならないでしょう。これが、今回の制度改正の限界です。あと一〇年は生産緑地として残るかもしれませんが、その先は持たないと思われます。

（あんどう　みつよし）

〈質　疑〉

―― 都市農家はなぜそうした行動原理をもつようになったのでしょうか。そうした行動原理は都市に限らず日本の農家全体にも見られるものなのでしょうか。また、都市農地・農業に対する期待というものは、単純に都市の農地に期待される機能というよりも、日本の農業全体に対する期待と考えてよいのでしょうか。

安藤　私が日常的に調査などを通じてかかわってきている農家の姿から見ると、そうした行動原理を持っているとしか思えません。普通であれば、農地を転用する場面でも、不動産賃貸業からの収入は必要だとしても、やはり屋敷敷地は維持して、若干の農地は残す。これは都市だけではなく、農家に共通する行動原理だといえるでしょう。もっとも、不動産賃貸経営は都市の農家ではなくてはできません。都市にどうして農地が必要かという議論では、食料供給能力という点では都市農業に量的な効果を期待することは難しいでしょう。最も大きい効果は緑空間の提供です。都市農業に期待される機能は多くあげられますが、都市の住民と農業サイドの認識とは異なる可能性もあります。

―― 都市農業を市街化区域内の農業と考えると、三大都市圏だけでなく、地方都市圏にも多くの市街化区域があります。国では、生産緑地制度を地方圏でも導入を考えているようです。より人口減少の激しい地方圏での都市農業についてはどうお考えでしょうか。

安藤　地方圏には四万八千㌶の市街化区域内農地があると言われています。人口減少社会である以上、基本的には農地として残すべきだと思います。しかし、地方公共団体自身が開発をしたいと考えれば、どうにもなりません。そこをどうするかが大きな問題です。農地は私有財産ですので、農家の方に事情を理解していただき、長期的には、農地として残したほうが財産管理としては好ましいという話で納得してもらえるかどうかだと思います。しかし、後継者が農業をしないので農地を処分したいという農家が多くなってくると、それを押しとどめるのは難しくなると思っています。農家の人には、具体的に試算表を提示して、農地を残す方向にもっていかなければ難しいだろうと思います。

また、市街化区域を現在の範囲のまま残しておくべきかどうかも検討する必要があるでしょう。市街化調整区域に線引きしなおして農地として永遠に残るような選択をしてもいいかもしれません。しかし、残念なことですが、もっと開発をして、人口を増やしたい、農地を宅地に転用してもらって固定資産税を増やしたいという地方公共団体の意向が働けば、農地を残していくのは難しい。非常に厳しい戦いを強いられていくのではないかと思います。

――　地方公共団体の中には、生産緑地の追加指定を認めない所もあるようですが、農地を残す方向に向かせるために、行政に働きかける方策は何かあるでしょうか。

安藤　例えば、メディアを使って働きかける方法はあるでしょう。無謀な開発を進めた首長を後に選挙で落選させるというくらいしか方法はないでしょう。開発を促進したいと考えていれば、どうにもなりません。それゆえ、制度改正には限界があるのです。地方分権の下、新しい都市農業振興基本法の枠組みも自治体が主導権を握り、各自治体に応じた政策を講じていくということですので、まさに自治体の姿勢が問われているのです。それができない所は、将来、醜いまち、災害に弱いまちとなって、人口もさらに減少していくでしょう。

―― 後継者の確保には制度的な手当てが必要だと思われます。すでに遅きに失しているのかもしれませんが、今からできる支援措置、都市農業のための後継者確保措置は考えられるでしょうか。

安藤 後継者を確保できるかどうかは、農業にやりがいを感じられるかどうか、そういう環境を整えられるかどうかだと思います。もちろん、農業で稼げるかどうかも大事ですが、やりがいを感じるかどうかも大事です。そのためには消費者との交流が有効ですが、同世代の仲間がいることも重要ではないでしょうか。どうしても、都市農家は点的な存在で孤立しがちです。話ができるような横のつながりをつくっていくことが、ある程度の農家を残すことにつながるのではないかと思っています。

―― 都市農業はやはり都市の中に位置づけられているのですが、都市農業振興基本法ができたことで、既存の都市計画そのものに影響はあるのでしょうか。

安藤　本来は、都市農業・都市農地という部分の問題ではなく、都市はどうあるべきかという根幹を考えるべきだと思います。もっとも、都市計画サイドは、利用規制をかけたことに対する補償ができるだけの予算がないと動けません。都市計画行政はかなり規制をかけている印象が強いですが、思ったほどの強制力は発揮できないのです。いずれにせよ、よほど思い切った手を打たないとどうにもなりません。。都市農業・農地の問題を根本的に解決するには、そこに手をつける必要があるのですが、それができずに矛盾を抱えたまま、少しでも多くの農地を残して、将来的に市街化区域から市街化調整区域に戻していくしかありません。

一九六八年の都市計画法から四〇年もかかって現在の姿となったのですから、これを戻すには四〇年以上かかるでしょう。急激に戻すと大きな軋轢が生じるので、残念ながら徐々に戻していくしかありません。そうしたことを国交省が認識していてくれればいいのですが、景気回復のために住宅建設が促進され、規制緩和への圧力の方が強くなる傾向があり、その点が不安です。自治体も、農地の大切さは理解していても、開発競争に陥ってしまいがちです。そうした動きにどう歯止めをかけていくかが問われているのです。

――市民農園の活況を見ると、農家の後継者でなくても、農業にかかわりをもちたいという意識をもった消費者・住民はかなりいるのではないかと思われます。そうした方々に、農地の担い手として参加してもらうということはできるでしょう。そうした仕組みをつくっていくことで、農地減少をある程度遅らせることはできるのではないでしょうか。その場合、農協が果たす役割がもっとあるのではないでしょうか。

安藤　ご指摘のように、市民の「農民化」は非常に重要だと思います。そうした後押しがないと、都市農地は残せないと思っています。そうした取り組みによって、少なくとも今ある農地が残る可能性は高まります。農地が残っていれば、やがて開発がおさまったとき、将来的にも農地として残すためのゾーニングに入れることができます。五年、一〇年という長期的な視点で見れば、そうした取り組みは効果を発揮するでしょう。

そのように考えると、今回の制度改正は効果があると思います。耕してくれる人がいれば農地は残るでしょうし、農地を仲介する仕組みもできてくるでしょう。しかし、都市農地は私有財産であり、農地として残すかどうかは所有者の考え次第ですので、最終的には残らないと思います。財産を相続する立場としては、相続税を支払うため、農地として残さずに処分する、あるいはアパートを建てるという判断をせざるを得ないからです。農地を残したほうが税制的に有利になれば、自分が耕さなくても農地として残すでしょう。そういう税制改正ができれば、都市に農地は残ると思いますが、それはおそらく不可能でしょう。従って、あと五都市農地はなくなるでしょう。後継者の行動原理もこれまでとは変わっていくので、年、一〇年はもつかもしれませんが、その先は見通せません。

――これまでは、都市農家が経済合理性とは異なった行動原理をとってくれたおかげで、都市に農地が残ってきました。これからも、経済合理性ではないところで行動をとってもらうには、地域住民や消費者とのつながりの中で、公共財としての農地を守るべきだという意識をもつようになれば可能ではないでしょうか。

安藤　相続のときに、屋敷敷地の一部を切り売りするという行動を農家がとればいいのでしょうが、農地と屋敷敷地のどちらか大事かと言われれば、やはり屋敷敷地のほうが大切と農家は考えるでしょう。悲しいことではありますが、その結果、農地は減っていきます。

――農地があってもそこから収益が上がらない限り、継承する意欲がわかないのではないでしょうか。例えば、単価の高い作物を栽培して、農家の経営を存続させる道を探るという考え方はできないのでしょうか。

安藤　もちろん、農業で儲けることができれば農地は残ります。かなりのプレミアムのつくもの、そこでしか食べられないものをつくれば農家は残るかもしれません。ただし、そういう農業経営をどうつくるかは実際問題として難しいと思います。

（二〇一八・四・二五）

都市農業関連法形成をどう見るか
～都市農地を活かしたアグリメディアのビジネス展開について～

株式会社アグリメディア 代表取締役　諸藤　貴志

皆さん、今晩は。アグリメディアの諸藤と申します。

最初に自己紹介と会社の概要を紹介して、都市農地を使って、どういう事業をおこなっているかをお話ししようと思います。私は福岡県出身ですが、農家の出身ではありません。従って、農業の原体験があって会社を起業したわけではなく、ビジネスとしてたどり着いたのが農業でした。

私としては、これから農業は大きく変化していくだろうと考えており、ＪＡの役割など各プレーヤーの構造も変わっていくと思っております。インターネットから派生したものによって、農業の仕組みも変わっていくことから、何か新しいことができるのではないかと、起業しました。私の兄は、二五歳で医療・介護関連の会社を起業して、三一歳の時には東証一部に上場させました。そのように身内に起業家がいたことも、私の背景にありました。農家出身で高校の同級生から農業の現状などを聞いている中で、農業も変わってくるだろうなと感じていました。その同級生が一緒に事業に取り組んでくれることになり、平成二三年四月、私が三一歳のときに起業しました。

私たちの会社の中心的なミッションは、農業を儲かる産業にすることです。現状ではあまり儲からない産業になっていますが、これを変えるような事業をおこなってきています。そのアプローチの仕方としてあるのが、都市と農業をつなぐことです。都市部からお金を流さなければ、農業はなかなか儲かりません。そこで、都市部からお金が流れるような仕組みやサービスをつくって、農業を発展させようという考えです。具体的には、遊休農地を都市部の人につなげたり、農業体験を都市部の人に提供したりして、農業生産者を直接的に都市とつなげることです。社名のアグリメディアの「メディア」には「つなぐ」という意味合いもあり、農業と他産業をつなぐというコンセプトも持っています。会社の従業員は、連結で社員八一名、アルバイト二四〇名です。

都市住民と農業をつなぐにあたって、多様な機会を提供しています。農家ではない人と農業や農産物との接点には様々あり、例えば直売所やマルシェで農産物を買うといった直接的なものもありますし、レジャー農園で体験するのも農業との接点です。ほかにも家庭菜園や市民農園など、都市住民が農業に接したいというニーズはたくさんあると考えます。そこでマーケットリサーチをおこなった結果、この分野が今後に伸びると想定しました。農業をレジャーにするという点では、これまで特別なプレーヤーがいませんので、事業としても収支がとれると考えてビジネスを組み立てています。

単一ではなく複数の事業をつくることで、経営資源などを有効に利用することができます。そこで、小さな会社ではありますが意図的に多くの事業を展開してきています。農業者向けの本格的なサービスから、農業体験・レジャー、カフェなどまで幅広い事業をおこなっています。これから農業には、いろいろなビジネス機会があると思われるのでどれが芽になっていくかはわかりません。今はそれぞれが小さくても、その業界の知見を会社に蓄積していくことが大切です。それぞれの事業を同時に展開して、機会があればその事業を大きく展開させることを考えています。

都市部のニーズを企画し、お客さんを集める

二〇一一年の創業は農業体験からスタートしました。首都圏の農家とともにイベントを企画し、たとえば一〇〇〇円の農作物を、体験を含んで五〇〇〇円で販売するという考え方です。企画の立ち上げにあたっては、三〇〇軒くらいの農家を回って話を聞き、なぜ農業は儲かっていないのかなど、都市農家の様子を感触として掴むことができました。一二年には利用者が一・八万人にも上ったサポート付市民農園「シェア畑」を始めました。これは遊休農地をリメイクして都市住民に貸し出す事業で、現在、わが社の売り上げの六割程度を占めています。農園に隣接して飲食店をつくる

ことで農園と飲食業ともにプラスになるようなビジネスモデルもつくりました。一四年には、農業特化型人材事業など様々な事業を始めました。一七年には就農支援や施設運営のコンサルティング事業も始め、最近では、日本のメーカーとともに海外での農業生産にも取り組んでいますし、一八年四月には神奈川県清川村の道の駅指定管理事業も開始しました。道の駅も農業振興施設もそうですが、箱物は立派でも有効に使われていない場合もあり、わが社が指定管理者として再生・有効利用のお手伝いをしていく事業が増えてきています。

このように数多くの事業をおこなってきていますが、その中から農業のビジネスプランを見つけていこうと考えてきました。

「あぐりナビ」という人材事業はインターネットを通じて、農業に興味のある人に会員登録していただき、人手の足りない農家に紹介するサービスです。農業界では最も求人件数が多く、四〇〇〇軒くらいの農家と取引があり、常に一〇〇〇軒以上の農家が求人情報を掲載しています。規模拡大した農業法人が、その要望に対応した人材を採用したいという場合、四万人近くの登録者から紹介し、面接機会のセットから当社がおこなっています。登録者は二〇歳代から四〇歳代が多く、現役の人もいますし、農業に転職したいという若い人もかなりいて、毎月一〇〇〇人以上の人が登録しています。男性が七割で、全体の四割くらいは関東在住の人です。

農業学校事業としての「アグリアカデミア」を昨年始めました。野菜づくりを体系的に教える講座です。農業のノウハウは、どうしても親の姿から学び、何年も経たないと教えてもらえないということがありました。それを座学から実践まで体系的に学べる講座です。いくつかの講座の一つは有機野菜づくりです。慣行栽培を学ぶ所は多いですが、有機農業を体系的に教える所は少ないようです。また就農準備講座は、先ほどの「あぐりナビ」から入って農業で働きたいと考えている人にも役立ちます。さらに、農業に参入したいという企業向けのコンサルティングもおこなっています。先ほど触れた海外事業も、ある企業から相談を受けて一緒に始めた事業です。

「ベジQ」は飲食事業ですが、収穫体験付きのバーベキュー場です。首都圏の柏市、伊勢原市、飯能市で運営しています。自社の畑で獲れた野菜と地元の農産物がその場でバーベキューをして食べられます。始めて一年くらいですが引き合いも多く、来年にはあと四か所程度開設をする予定でいます。

「道の駅」は、私どもの会社の事業構想の中で重要な位置を占めています。地方の農産物の発信拠点であり、そこを通じた新しい流通モデルをつくりたいと考えて、いくつかのチャレンジをしています。たとえば道の駅で売れ残った農産物は、都市部の飲食店につなげる取り組みをテストとしておこなっています。都市部と地方とでの野菜の価格差は大きく、鮮度も良い物が手に入るので、一定のニーズはあるものと考えています。第三セクターによって運営されてきている道の駅の中には、経営が思わしくない所もありますので、私どもが指定管理者として入ることで、年間の運営費を大きく削減することもできます。

われわれが得意としているのは、都市部の人たちが求めていることを企画し、お客さんを集めることですので、そこを認めていただいて、いろいろな自治体からこのような施設の再生の依頼がくるようになっています。

市民農園の法制度整備が進み供給が伸びる

職業としての農業者は減っていますが食への興味の高まりによって、家庭菜園のニーズは年々高まっています。われわれはこうしたことを趣味的農業と呼んでいますが、ホームセンターで野菜苗、果樹苗の販売量が伸びており、六年間で約二倍にもなっています。団塊の世代がリタイアしたということもあり、成熟化社会を反映していると思われます。生活が豊かになればなるほど、家庭菜園のニーズは大きくなっていきます。したがって今後も、マーケットとしての野菜づくりや家庭菜園は伸びていくと見ています。市民農園も法制度の整備が進んだこともあって、その供給はどんどん伸びています。

しかし、家庭菜園をやってみたいと考えている人は六二%と多いものの、実際にやっている人は二〇%と少ないことから、潜在ニーズはまだまだ大きいようです。ネット調査によると、家庭菜園を始められない理由としては、場所がない、やり方がわからない、時間がない、道具にお金がかかる、といったことが上げられていました。私は、遊休農地があることは知っていたので、こうした部分に事業ニーズがあると考えました。市民農園を始めるにあたって、これらの障害をつぶしていくためにスタートしたのが、「シェア畑」という事業です。農園の開設は毎年増えていますが、現在八〇農園、合計一九万平方メートルの農地を運営し、利用者は約一・八万人です。

このサービスのコンセプトは「畑で楽しむ週末」とし、都市住民向けに展開しています。敷地は三〇〇～五〇〇〇平方メートルで、区画の面積は三～一三平方メートルと多様で、家庭菜園として楽しめるちょうど良いサイズで貸し出しています。市民農園自体は、その多くは区や市など自治体が運営しているものでした。そうした既存の市民農園と差別化するために、今まで市民農園ができなかった人たちにも楽しめるようなサービスを用意しました。

例えば、どんな道具や苗をどうやって揃えたらいいかわからないという人のために、農具から種苗、作付計画まで全部用意して、体だけ農園に来ればいいようにしています。もちろん、駐車場や簡易な休憩スペースも設置します。もっとも特徴的なのは、教えてくれる人がいることです。一農園について三名程度の指導員を置いていて、利用者のあらゆる相談に応えています。こうした指導員には、家庭菜園のプロとして有機栽培を熟慮している人がほとんどで、多くはリタイヤした男性です。家庭菜園の技術を持っているのは当然ですが、もちろん接客の必要もあるので、指導員の採用にはたいへん多くの応募者があっても、一〇人に一人程度の採用しかできません。指導員をはじめ質の良いスタッフがいる農園は長続きします。

シェア畑利用者の九割は個人ですが、最近では、地域の幼稚園や一般法人、高齢者施設、マンションの管理組合、地域の飲食店など団体の利用も増えてきています。現在は主に、東京、神奈川、埼玉、千葉の首都圏で展開していますが、兵庫、大阪にも開設します。

農園のスタッフのためにはマニュアルが用意されていて、利用者にわかりやすく伝えられるように言葉の使い方や接し方などを教育する研修もおこなっています。必要な道具・種苗・肥料はすべてそろっていて、とにかく手ぶらで来ても楽しんでもらえるようにしています。また、畑でおこなういろいろなイベントは、とくにファミリー層に人気があります。ユーザーの多くは半径三キロメートルの範囲に住んでいますので、ユーザー同士で仲良くなるケースもあります。通常の市民農園とは異なり、きちんと管理されていますし、野菜の種苗も同じ物が支給されるので、様々な作物が雑然と植えられているような農園とは異なり、美しい景観を保つことができています。これは、土地所有者にとっても印象が良くなります。

市民農園の事業をビジネスモデルとして考えると、通常の農業の二〇倍の売上を上げることが可能です。例えば、一〇〇〇平方メートルの農地で露地野菜を生産すると、年に五〇万円程度の売上ですが、此処に野菜づくり体験を加わえることになります。通常、カルチャースクールなどでは一区画当たり一〇万円の費用が掛かりますので、一〇〇区画の市民農園を運営すれば、一〇〇〇万円の売上となります。同じ農地を使っていても、農業生産とはずいぶんと違うビジネスモデルになるわけです。都市農地を持っている人にとっては、最大の利益を出すビジネスモデルだと考えています。少なくとも農業生産をおこなうよりは、こうした事業を導入したほうが、都市農家の収益は大きく上がるという構造です。

農園集客や契約管理などをサポート

私どもには、月に一二〇件程度の農地に関する相談があります。例えば、農地を相続したものの、自分では農業ができない。家族で農業ができなくなったという相談が多く寄せられます。そして中には、相続を見越して相談される方もいます。個人農家からの問合せに限らず、自治体や農業委員会、ＪＡからの相談もあります。さらに金融機関からは、提案型融資への参考として貸農園の相談がありました。当社が運営する農園の八割の土地は農地で、そのうち市街化区域内が三六％を占めています。相談があるのは、市街化調整区域や農業振興地域の農地が多いのですが、事業の性格からすると、市街区域内が最も成立しやすいと言えます。生産緑地ではまだ制約がありますので、今のところは宅地化農地が多くなっています。当社の収益モデルによれば、宅地並み課税でも固定資産税を賄えるだけの収益は十分に上がります。

横浜市神奈川区では、突然の相続で農地を譲り受けたものの自らは維持できなく、営農希望者を募っても集まらなかった事例がありました。市街化調整区域内の四〇〇〇平方メートルの農地でしたが、当社が入って市民農園として活用することになりました。

同じ横浜市の専業農家では、営農しながら、まとまっていなくて活用できていない一部の農地を有効活用したいという意向を持っていました。一五〇〇平方メートルの生産緑地は、体験農園として、集客や契約事務など当社がサポートしながら運営しています。所有者が農家ではない事例もあります。東京都の調布市では、所有している生産緑地の作業委託先が高齢で、農地を安定的に維持管理してくれる人を探していました。一〇〇〇平方メートルの農地でしたが、当社が体験農園の運営をサポートしています。

農家からの相談はとても多様で、例えば、生産緑地で相続税納税猶予制度の適用を受けている例ですが、儲かる農業に取り組みたいと思っているものの、体験農園の集客や契約管理までおこなうことが難しいことから、その部分については、当社がサポートしています。制度改正があれば、当社に体験農園の運営もお願いしたいという農家は少なくありません。

農地を利用しての農園開設にあたっては、込み入った制度と整合性をとっていく必要があります。当然、生産緑地法は市町村、相続税納税猶予制度は財務省、農地法は農水省と、許認可が複雑ですので、当社のような事業者がこれまでなかなか生まれてこなかったのだろうと思います。たとえば特定農地貸付に関する許認可は事例も少ないですし、税理士は相続税について詳しいけれど、農地法や都市計画法はよくわからないといったことがあります。なかには相続税納税猶予制度を知らなくて、いきなり数億円の追徴課税がきたという農家もありました。

制度をよく理解せず農地の使い方を間違えると、いろいろな齟齬が生まれてきます。法律に関する知識を持っていないと、都市農地を活用した事業を展開していくのは難しいところがあります。市民農園制度自体も変わってきており、平成一七年に、それまでは自治体やＪＡにしか運営できなかった農地が、われわれのような事業者でも市民農園の運営が可能になりました。今回の改正では、さらに踏み込んだものになると思われます。

現行制度下の相続税では農地減少に加速

当社では事業として貸農園を展開していますが、賃借はしておりません。地主から農園運営に関わる業務委託を受けており、賃借自体は農地の所有者と利用者の間でおこなわれています。ただし、契約事務については当社が請け負っているので、実質の管理者として、管理事務や土地賃貸借事務も当社が担っています。

ただし今回の制度改正では、当社自体が貸し付けの主体になることも可能になると思われます。土地の所有者としては、これまで賃貸借の当事者になっているわけですので、賃貸での活用に及び腰だったかもしれませんが、今回の改正によって、われわれのような事業者が賃貸借の主体となることで、そうした心配は少なくなると思われます。これまでも開設主体になることは可能でしたが、所有者が自治体に貸し付け、その自治体が事業者に貸し付けるという形をとらざるを得ませんでしたが、実質的にはどの自治体も開設者になることはほとんどありませんでした。

今回の改正をわれわれの立場から見ると、第一に、生産緑地を貸しても相続税納税猶予制度の適用が受けられることが大きなポイントになります。現在、生産緑地の相続税納税猶予を受けている方が当社に相談にきても、現行の法制度では対応できないという説明をするしかなかったのですが、この改正がおこなわれれば、当社がお手伝いすることができるようになるでしょう。特定生産緑地に指定しない場合の固定資産税がどうなっていくかはまだ決まっていないようですが、いずれにしても、今回の制度改正によって、当社事業の機会が大きく拡大すると考えています。法改正がメディアに取り上げられるようになってからは、当社への問い合せもだいぶ増えています。

相続税の現行制度の下では、農地の減少は加速すると思われます。農業は続けていきたいが、終身営農という条件は重いので、相続時に生産緑地を解除せざるを得ない農家が多くなると思われます。さらに、自ら農地を維持することも難しくなるため、非農業者の所有する農地も生産緑地を解除していくことになるでしょう。また、生産緑地や相続税納税猶予制度について十分な知識を持っている農地所有者が少ないことも課題です。私どもは農業委員会を通して手続きをしますが、行政の担当者の中にも、きちんと理解できている人は少ないようです。その意味では、今回の制度改正はいい機会で、私どもも自治体とともに説明会などを通じて正確に理解していただくようにしていきたいと思っています。

（もろふじ　たかし）

〈質　疑〉

――お話になっているビジネスモデルでは、貸農園の場合、一区画当たり一〇万円とすると、地主としての農家や運営している御社にはどのくらいの収入になるのですか。また、このようなビジネスモデルは、都市だけでなく地方でも可能性はあるのでしょうか。

諸藤　貸農園の場合、契約の仕方によって、定額収入と売上の一定割合を当社と分けるものとがあります。一区画での契約はしていませんが、年間収入では、五〇アール程度で少ない所でも五〇万円、多い所では三〇〇万円くらいが農家の所得になると思います。農地の農業生産の場としての標準借地料はだいたい高くて年間五万円ですから、最低でも一〇倍から一〇〇倍くらいになると思います。売上からの配分では、経費がかかるので当社の割合が高くなります。農園を立地する場所について、当社ではどのくらいの稼働率が見込めるかのシミュレーションをおこなっています。高い稼働率が見込めれば、多くの区画を設定することができます。また、当社への問合せには地方からのものも多くあります。残念ながら、現状ではそこまでお手伝いはできていません。農地の有効利用のために、当社を頼って来てくれる方々に対応できないのが残念です。

ただし地方では、都市と同じビジネスモデルでは通用しません。たとえば神奈川県の伊勢原市では、貸農園ではありますが通わなくてもよく、日常の栽培は当社が請け負うサービスもあります。郊外ですので農園まで毎週通うわけにもいきません。月に一回程度、温泉にいったついでに農園に寄ればいいというかたちです。植え付けや収穫など、行きたいときにだけ行けばいいわけです。このように別の形で付加価値をつけないと展開が難しいと思います。

もう一つの可能性はクラインガルテンです。クラインガルテンは、関東地方であればどこにでもつくる自信はあるのですが、許認可上のハードルがあるのと、開発行為が伴うので投資もしなければなりません。そうした課題が解消されれば、増やしていくことはできるでしょう。郊外の土地、二万あるいは三万平方メートルの土地が活用できます。ただし基本は、儲かる農業になれば農地はどんどん使われると思いますから、そういう産業にしていくことが重要だと思っています。当社も、農業を儲かる産業にすることを目指して人材を供給したり、高付加価値化などのお手伝いをして、今の年収が二〇〇万円、三〇〇万円の所を五〇〇万円にすれば、農地を使うようになると思います。時間はかかりますがそれを目指したいと思っています。

―― 御社は農園の運営だけでなく、農業経営はおこなっていないのでしょうか。

諸藤 当社も一応は農業に参入しています。神奈川県で五〇〇〇平方メートル程度の圃場で農業をしていますが、農業生産で大きく展開していこうとは考えてはいません。農業を儲かる産業にすることが目的ではありますが、そのプレーヤー自体になるつもりはありません。したがって農業に参入したのは、この業界のことをよく知ろうとしてのことでした。現在は野菜生産ですが、野菜に限らず、米も畜産もすべて事業領域だと考えています。もっとも体験農園で、米を収益化するのは難しいようです。昨年、「シェア田んぼ」のサービスを始めましたが、ビジネスとして成立するまでには至っていません。

―― 道の駅の管理運営にも参入し、その結果、運営費が削減できる、集客力が増したなど効果も出ているようですが、たとえば第三セクターに比べて、御社の運営との差異はどのようなところだと思われますか。

諸藤 やはり利益への執着は、とくに第三セクターでは出にくいでしょう。そもそも第三セクター自体が利益を上げるという目標で運営されていません。農業振興あるいは地域活性化が大きな目的としてあげられているので、運営主体が利益を上げていこうというインセンティブが働きにくい構造になっています。清川村の道の駅をこの四月から運営していますが、売り上げは前年比五〇％増です。かつては、野菜は昼くらいには売り切れていましたが、地域のＪＡと相談して、夕方まで野菜が並ぶようにしました。飲食の機能も付加しました。そのように認知機会の喪失を減らすようにしました。とにかく利益には執着しなければなりませんのであらゆることをしました。

当社には、農業関連施設に関する相談が増えてきています。例えば、当社が指定管理者として運営する神奈川県伊勢原市の農業振興施設については、以前に比べて五倍以上の売上げ規模になっています。やはり、自治体が所有していて、第三セクターが運営している所からの相談が増えてきています。

――二〇二二年問題を前に、例えば農地を相続する人で、農業はできないけれども農地として残したいという意欲のある人はどのくらいいるのでしょうか。また、制度改正によって賃貸借のハードルが低くなって、貸農園などによる農地利用が大幅に増えた場合、農園で指導にあたるスタッフは足りるのでしょうか。

諸藤　農地の所有者が七〇歳台から八〇歳台で、そのお孫さんが農地として残したいというケースはけっこうあります。五〇歳台の息子さん世代はそれほど農地に執着はないのですが、三〇歳台や二〇歳台の女性など孫の世代に、そういう思いを持つ人が多いようです。

徐々に農地が減ってきていて、もう家の周りにしか残っていないような所では、そうした思いが強くなるようです。そうしてお孫さんと一緒になって、なんとか農地として残したいという相談にくるケースが多い。われわれの事業がメディアでも紹介されるので、緑を残して活用すれば、周りの人にも喜ばれるのではないかということもあるかもしれません。今でも都市の中に農地を持っている人の中には地元の名士もいらっしゃるので、単に収益を上げるというよりも、地域の人に喜んでもらいたいという方も多いようです。

また、農園のスタッフの採用倍率が一〇倍以上になると申し上げましたが、比較的人材が求めやすいのは、農園のユーザーそのものが多い郊外です。一方、都内の世田谷区や杉並区では、たくさんの農園が生まれたときには、スタッフの採用には苦労するかもしれません。当社では、農園のユーザーからスタッフになるという仕組みもありますし、学校事業の修了生の中からスタッフに抜擢することも考えています。

——ご出身は福岡ですが、その周辺地域でこの事業を展開するつもりはありますか。また、事業を展開していくときは株主などにはどのように説明してきたのですか、肥料など資材の調達についてもお聞かせください。

諸藤　福岡県でも市民農園は増えていて、チャンスはあると思います。とくに糸島は観光資源もありますので、個人的には進出したいと思っています。

資金調達をおこなうときには、当然、事業計画について説明しています。事業性を説明し、その将来性を理解していただいて、投資家の納得をいただいています。遊休農地は使われていない所が多く、都市部の要求も高まっており、今後も遊休農地を活用する事業は増加できると考えています。

また、農園では化学肥料や農薬を一切使いませんので、使用するのは牛糞、鶏糞そして希土石灰ぐらいです。農家としては有機栽培には消極的ですが、農園の規模や都市部のユーザーの要求を考え、有機栽培を採用することにしました。

―― 御社の収益構造から見ると、農地利用はどのくらいの位置を占めているでしょうか。

諸藤　当社の事業分野は大きく、体験、人材、流通・飲食に分けています。体験に貸農園などが含まれ、この分野が全体売上の六割程度を占めます。人材事業が二五％、残りが流通・飲食です。

―― 農地を利用するにあたって、その土地の価値を判断するときの基準はどのようなものでしょうか。関連して、今後の事業拡大の目標あるいは予測はいかがでしょうか。また、人材事業では実習生サポートもしているようですが、どんな内容なのでしょうか。

諸藤　農園開設の土地を評価する基準で最も基本となるのは世帯数です。基本的に農園を借りるのは二人以上の世帯が多いことから、その農地から一定の範囲に二人以上世帯がどれだけあるかをまず調べます。さらに、地形や生活動線との関連などを勘案して価値判断します。面積は、現在ある中で最も小規模では九〇坪のものがありますが、平均すると一五〇〇平方メートルくらいです。

今後の展開については制度改正を見込んで、今年度で四〇～五〇か所の増加を想定しています。首都圏以外にも、関西に、この春開設しましたし、名古屋などほかの政令都市にも広げていきたいと考えています。

また、当社の「あぐりナビ」では多くの農業法人と取引がありますので、そうした会員向けに海外技能実習生に関する情報提供をおこなっています。要望がある場合には、送り出し機関と連携しています。ただし当社は、受け入れ機関ではないので実習生制度ではなく、特区での外国人労働力受け入れのお手伝いができればと考えています。当社がベトナムで農業生産をおこなっているのもそうしたことを視野に入れたものです。

――不動産業界はすでに動きを見せていますが、二〇二二年には、生産緑地の指定解除がどのくらい出てくると見ていますか。

諸藤　相続税納税猶予がついていない農家がどのくらい解除するかということになりますが、三割も四割もが解除するということにはならないと思います。二〇二二年になった途端に解除が増えるということにはならない。せいぜい数%というところではないでしょうか。

――指定管理者として道の駅の運営を受託する場合、どんな収益構造になってくるのですか。売上がなくても利益が取れるということなのでしょうか。

諸藤　道の駅や農業振興施設の指定管理は、収益が上がっていれば、自治体からの助成がなくても運営できます。基本的に店舗の設備投資はありませんので、立地さえ良ければ、億単位の売上を出す所が多いと思います。

――御社では、さまざまな事業展開をおこなってきているようですが、街づくりに関する事業もあるようですね。

諸藤　例えば、マンション内のコミュニティ形成支援として、分譲マンションの共用スペースに農園をつくって、入居者が利用するようにしています。その企画と運営をおこなっています。スタッフとして、ほかのシェア畑のスタッフが担当します。

――地域の金融機関との関係もお持ちのようですね。

諸藤　地域の金融機関では、専門家を取引先に派遣して、いろいろな相談に対応していますが、農地の専門家として当社を登録していただき、金融機関からの報酬で当社のスタッフがコンサルタントとして、農家など金融機関の取引先に農地の残し方などアドバイスします。

――新潟県で就農支援事業もされているそうですが、具体的にはどのようなものですか。

諸藤　どの県でも、農業の担い手を確保するためにさまざまな施策を展開しています。当社は、新潟県で農業をしようというテーマで「あぐりナビ」で広告活動をしています。ただ「来てください」ということではなくて、ビニールハウス、農機具、農地、あるいは住宅が手当てさているという具合に、何らかの経営資源がついているものだけを中心に紹介しています。

――御社では実にさまざまな事業を手掛けています。事業ごとにその内容を熟知したスタッフを充てなければならないと思いますが、御社自体の人材教育についてはどのようなことに配慮されていますか。

諸藤　当社の業務にはかなり専門性を要する職種が多いので、頻繁な異動はあまりなく、その分野のプロになります。一番難しいのは、都市農地の事業で、シェア畑の農園を開設するにあたって、行政との協議もあるので、かなり複雑で専門的です。二年前までは、まだ私が関与しているほどでした。専門性を高めるために、農地法や生産緑地制度改正などについての社内勉強会は常におこなっています。消費者向けに農地活用セミナーなどを開催すると、担当する部署のスタッフはかなり知識が身につくようになります。給料はベンチャー企業ですのでそう高くはありませんが、スタッフの皆んなには、会社が目指している方向に共感していただいていると思います。農園スタッフにとって、ユーザーからありがとうという言葉をもらうことが、大きなモチベーションとなっているようです。

――今のところ事業の幅を広げてきていますが、今後一〇年、二〇年では事業はどのくらいまで絞り込むと考えてますか。

諸藤　会社としては、二〇二四年と二〇三〇年に目標を設定しています。事業をこれからどう絞り込むかは、今の時点では判断できません。一つのサービスだけで農業全体が良くなるとは思えませんので、複数のサービスをおこなうことで農業界が少しでも良くなる可能性があるのだろうと思っています。会社としてのモチベーションも、ビジョンが明確に描けていれば維持できると考えてます。会社が目指すのが農業者の所得を上げることですから、それに応じて社員の給料も上げていこうと社内では目標を立てています。

――全体の売上はどのくらいになりますか。

諸藤　昨年は八億円、その前年は四億円でした。なお、今期は一四億円を計画しています。

――生産緑地制度が改正され賃貸借の規制が緩くなると、直接、御社が農地の賃貸借をおこなえるようになります。その場合、御社のメリットとは何でしょうか。

諸藤　現行では、農園の開設主体は農園経営者である農家ですので、さまざまなトラブルの最終責任は農家にきてしまいます。当社は自治体から認可を受けて借りる形です。業務委託で実質的にほとんどの仕事は当社がおこなっているものの、責任は農家に残ります。農業委員会との貸付協定書にも責任がしっかり明示してあります。そうした責任の重さに貸し付けに躊躇する農家は少なくありません。改正後は、農園ユーザーとの賃貸借契約の当事者は当社になるので、いろいろなトラブルのクレームは当社にきます。税制には関係なく、そうした賃貸借構造になるので、かなり農園を開設しやすくなるでしょう。

なお、現行の業務委託契約の三年間の場合が多いです。一年では投資の回収が難しいですし、もっと長くなると経営が思わしくなくても撤退ができません。

―― 御社としては、農地を所有することは考えていないのでしょうか。また、貸農園の収穫物はユーザーの所有になりますが、自家消費できない物を販売するときには、何らかのサポートはしているのですか。

諸藤 マルシェの場で少し売ってはいますが、今のところ、多くはありません。ただしこれからは、もっと大きな規模でおこなっていきたいと思います。郊外の広い農地を使えば、自家消費を超えた分を販売することで新しい仕組みの農園ができます。ニーズはありますので、農地法上差し支えない範囲でおこなえるよう検討していきたいと考えています。

―― 現状でもＪＡと貸借をおこなうケースはあると思いますが、さらにＪＡと業務提携していくということは考えていますか。

諸藤 もちろん個別のＪＡとは、お互いにメリットが見出せれば可能性はあります。今でも、ＪＡからは相談を受けるだけではなく、われわれの方から積極的に農地の情報を聞きに行くこともあります。「あぐりナビ」でも、人材情報はＪＡ経由で紹介していますので、個別のＪＡとの関係はいろいろな事業で密接です。

―― 基本的なことですが、なぜこのように耕作放棄地が増えたのだとお考えでしょうか。また、農業高校や農業大学校など既存の教育機関もありますが、御社の農業学校の教育方針があれば教えてください。

諸藤　耕作放棄地の増加にはいくつかの要因があるでしょう。なかでも大きいのは、土地の値段が上がり過ぎたことではないでしょうか。都市、地方を問わず、それが農地転用に影響を与えています。そのために農業が、収入の柱にならなくなったのだと思います。経済合理性の下で、農産物の単価が伸びていかなかったということもあるでしょう。様々な理由がありますが、いずれにしても農業で儲からないから耕作放棄地が増えていると理解していますので、そこを変えていきたいと思っています。

当社の農業学校では、既存の教育機関と全く同じことをやろうとしているわけではありません。例えば、有機栽培についての体系的な教育は既存の教育ではなかっただろうと思いますし、就農支援講座も数年ではなくて数か月でおこなえる内容を提供することにしています。既存の教育になかった部分をやっていきたいと思っています。当社の就農支援講座は定職をもっていても、働きながらでも受けることができますので、すでにある優秀な人材が農業につながることに役に立ちます。もっといろいろな人に農業に関わってもらうという考え方で当社の農業学校を企画しました。例えば、有機栽培講座には多くのシェア畑のユーザーが申し込んできて、将来、田舎に帰って農業をやりたいという人もけっこういますし、「あぐりナビ」に登録している人で、就農支援講座に申し込む人も多くいるというように、事業間のシナジーも出てきています。

―― 今後、上場する、あるいは他社との合併などについては考えていますか。また、日本の気候風土での有機農業の将来性は、どうお考えですか。

諸藤　投資家から大きな投資を受けているからには、何らかの結果が求められていますが、買収ではなく、今のところは株式の上場を志向しています。

有機農業は当社の事業・商品の一つであって特化している事業があまりあるわけではありません。ただしエンドユーザー向けのサービスとしては、有効だと判断しています。一方、日本では有機のマーケットは欧米に比べて低いですが、それは慣行栽培の安全性がきちんと担保されているからだと思っています。

投資としてはあくまで趣味や兼業での農業を有機でやるのであって、ビジネスの農業を有機ということはあまり視野に入れていません。

―― 貸農園や人材紹介の分野では、他社も参入しています。他社と比べて御社の特徴はどんなところにあると思われますか。

諸藤　当社が事業を始めるにあたっては、ずいぶんと調査をしました。特に農地の利用は法制度が複雑なので、先行する他社は許認可に苦労していました。先ずそこをクリアしていけば、事業を拡大していけると考えました。強いサービスモデルは商品性が上がり続けていますので、農園のレベルを進化させるためにサービスの改善に努めました。農園事業は栽培の結果が一年経たないと現れてきませんので、そうした改善の蓄積が大事になります。たとえば植え付ける種苗についても、味や栽培のし易さなど前年度に実践してから導入してきました。農家など既存のプレーヤーに足りないところは当社が補い、農家の方に教えていただくことも多くあります。

――　都市農地を残していくには、やはり相続者に農地として残していくことの重要性を理解してもらうことが大事だと思いますが、そのために、御社ができることというのはありますか。

諸藤　今のところ具体的に行動はできていませんが、消費者にとってどのくらい意味があるのかを知ってもらうことが大事です。そこで当社ができるのは、そうした農地に関わる人を増やすことで、都市農地に価値があるということを広げていくということです。その結果として、消費者に都市農地への理解が深まり、その社会的評価が伝わり、それを残していこうという機運が高まると思います。交流人口を増やして、都市農地に触れる人を増やしていくことは、その一つの試みとして意味があると思っています。農園ユーザーに土地所有者の紹介をしていますし、交流の場も設けています。

また退職後は、相続した農地で農業をしたいがすぐにはできない。勤めている間は体験農園として、自分はスタッフとしてかかわりながら勉強しておきたいという人もいますので、そういう人を支援していくことも大事だと思っています。

（二〇一八・五・九）

都市農地関連法の改正で農家の継承はどうなる

全国農業会議所 専門相談員　原　修吉

ご紹介いただきました、原と申します。私は農業会議に入ってからずっと農政を担当していまして、農地制度や生産緑地制度にずっとかかわってきました。三八年間続けてきたことが、それなりに意味があったのかもしれません。農家に法律を理解してもらうというよりは、判断材料を提供するつもりで活動してきています。どちらが得かということを農家の方に印象づけることが、私の仕事だと思っています。

たとえば農業後継者がいないとよく言われますが、実は後継者がいない農家はほとんどありません。子供がいない夫婦でも兄弟から養子をもらって、家はつないでいくというふうにしています。そういう意味では、後継者がいなくて家が絶えるような農家は極めて少ないと言っていいでしょう。

問題なのは、後継者という話題から逃げていることだと思います。この問題から逃げないことが、農家として残っていくことにつながると思っています。

そのために、家の中で相続の話をしてもらえるようなきっかけをつくりたいと考えています。今日の話もそうした観点からのものです。

都市の農地は、さまざまな要因によって急速に減少しました。その最も大きな原因は、新都市計画法です。大正時代にできた都市計画法を大きく見直したのが、昭和四三年の新都市計画法です。その後、都市をめぐる環境が大きく変わったにもかかわらず、都市計画法の大きな改革はされていません。大きな改正ができなかったのは、この都市計画法を次に改正するときには、市街化調整区域に何らかの方向性をもたせなければならないのですが、なかなかそれができないことも一因ではないかと思っています。

かつて、市街化調整区域は農林省の立場からは農用地区域、農業振興地域で農業を振興していくことを想定し、建設省では市街化区域でまちづくりを優先して、その状況に応じて農振のない市街化調整区域を農業振興地域とするか市街化区域とするか考えていく。そのように、農振法と市街化区域の狭間におかれている市街化調整区域は、農業側からも都市側からもやがてこちら側にくるものだと考えられていたのではないでしょうか。しかし、農用地にさえ遊休農地が増えてきている一方、市街化区域も拡大する状況にはありません。従って、農振のかかっていない調整区域に対しても打つ手がない状況になってきました。

この新都市計画法では、市街区域と市街化調整区域の線引きをして、市街化区域内農地の宅地化を促進する方向を打ち出しました。その扱いはアメとムチという言い方をされてきました。アメの部分は、土地区画整理や住宅建設の促進施策で、農業をやめればいいことがあるという意味です。ムチのほうは、宅地並み課税によって農地を追い出してやるということです。たとえば農家は、農地にかかってくる宅地並みの税金を払わなければならなくなるので、そんな税金を払えるようなお金はありませんから、税金が払えるような現金収入、たとえばアパートなどを建てて、無理をしてでも税金を払い続けていくことにしたとします。しかし、それは相続が発生したときに破綻します。相続税を払うために、新しく土地を売らなければなりません。

一方、税金は払えないとして、生産緑地にして、相続が発生したら、相続した人が農地を相続税納税猶予制度の適用を受けて、相続税の負担を軽くするという選択もできます。それでも農家には、生計を立てるための収入は必要です。この生活を支える収入と労働力が必要な農地のバランスがうまく取れている農家は、農地を継続していきます。生活を支える収入が厳しくなる、あるいは逆に大きな収入を得ようとすると、農地は減少していくことになります。

相談があった場合、農家には、農地は財産なのか、それとも先祖からの預かりものなのかと問います。農地を、いつでもその形を変えられる財産として管理したいと考えるならば、税制上の特例を受けるのは無理でしょう。そうではなくて、農地は預かりものだから子孫に伝えるべきものと考えるなら、そこには、税制上の配慮が必要でしょう。それが生産緑地の相続税納税猶予制度という形になっているわけです。

生産緑地法が位置づけた都市計画の緑地空間

市街化区域内で農業を継続できる制度は、固定資産税では、地方税として、昭和四八年、自治体の奨励金制度としてありました。昭和五一年には自治体の減額制度というものができます。奨励金は、一回徴収した税金を奨励金として支払うことですが、減額は初めから奨励金部分を差し引いて徴収するものでした。そうして昭和五七年の長期営農継続農地制度につながります。

一方都市計画では、固定資産税と連動した生産緑地法が昭和四九年にできます。自治体の奨励金制度には転用規制がありませんでしたが、生産緑地には転用規制があったので、多くの農家が生産緑地法の指定を受けることはありませんでした。生産緑地法はあくまで都市計画ですから、公共施設の予備地と緑地空間としての位置づけがあります。公共用地の予備地という意味から、接道要件がついています。この都市計画上の位置づけを補完するために、市の先買い権が設けられます。農家が農業をできなくなったときには、市が最初に農地を買うことができるというもので、これが生産緑地の買取り申出という仕組みです。

平成三年、バブルの影響から、長期営農継続農地制度は廃止され、平成四年からは改正生産緑地法となり、それだけが固定資産税を安くできる制度として残りました。それまでは、地方税による仕組み、都市計画法による仕組みのいずれにしても、農家が農地を残そうと思えば、固定資産税を安くできましたが、改正生産緑地法しか適用できなくなった平成四年以降は、農家と市の両方が農地を残したいと考えなければ、税の優遇措置は受けられなくなり、農地が残せなくなったのです。このため、農地の少ない所では生産緑地の追加指定を積極的におこないますが、調整区域を抱えているような所では、追加指定にはかなり消極的です。つまり都市計画が首を縦に振らないと、市街化区域内に農地は残れない仕組みになっています。都市農業振興基本法ができてから、市街化区域に、積極的に農地を残していこうと舵が切られたものの、地方自治体の担当者まではそれが行き届いてはいないようです。

納税猶予制度については、昭和三九年に、贈与税の納税延長特例制度ができ、五〇年に相続税納税猶予制が誕生し、同時の贈与税も納税猶予制度になりました。その後、何回かの改正を経て、現在の形になっています。今年には、都市農地の貸し付けに関しての大きな改正があるようです。

宅地化促進政策に加えて、戦後の民法が定着したことで、均分相続が増え、相続によっても農地は分散・減少しました。大正から昭和の初め生まれの人たちは、戦後の新しい民法による均分相続を受けてはいるものの、家督相続時代を引きずっていた時代なので、黙っていても長子であれば相続できました。無自覚で長子相続の感覚のままだと、農地もそのまま均分相続されていってしまいます。

　また、農産物価格の長期低迷も農地減少の一因です。農家は好きでアパートを建てているわけではなくて、農業では生活できないからそうしているだけです。たとえば五〇アールの畑にキャベツを作付けしたとすると、五〇アールは約一五〇〇坪、サッカー場とラグビー場の幅七〇メートルを一辺とした正方形にほぼ相当します。そこで、キャベツを一年間で二回、約五万個収穫したとします。ＪＡの直売所ではだいたい一三〇円前後で一個一〇〇円の手取りとして、種苗や医療・光熱水費などの経費を極めて少なく見積もって四〇円とすると、夫婦で従事した場合、一人一年間で一五〇万円にしかなりません。キャベツ一個の手取りが二〇〇円とすると二人で八〇〇万円、二五〇円ならば一〇〇〇万円の手取りになります。

　つまり、キャベツ一個が八百屋さんで四〇〇円から五〇〇円で売れるなら、農家はアパートを建てなくても暮らしていけるということです。それでは、この手取りを実現するには、どうしたらいいのかと聞くと、先ず言われるのが、農業の六次産業化です。しかし、私は本当に重要なのは国民の意識改革だと思っています。農家がつくった物を加工して販売するとすれば、販売する会社が農地を持ったほうが実は効率が良くなるでしょう。普通の農家には、とても六次産業化などできない。

　食品の安全性と価格についての消費者の意識を見ると、やはり安全で安い物を求めますが、両立はなかなか難しい。そこで、高くても安全なほうが良い、高くても新鮮なほうが良いと思ってくれれば、日本の農業は将来に続いていきます。安全性は気になるものの、危険でなければ安いほうが良いという人もいますし、とにかく一流レストランで高価な食事を楽しみたいという人もいるでしょう。地産地消の意識改革を進めることで、そうした人たちの意識を変えていかないと、日本の農業の将来はないと思います。

　昭和三五年に九〇万人の人口で八〇％の食料自給率でしたが、平成二二年では一億三〇〇〇万人の人口で自給率は三九％です。先進国の中で、日本は低下傾向にありますが、先進国では自給力や自給率の向上に努めています。日本では国内の需要を賄うために、海外からの輸入に頼っています。

　都市農地の面積推移を見ると、生産緑地は横ばいですが、市街化区域内農地はどんどん減少しています。平成で言えば三四年となる、令和四年に生産緑地がどうなるかという懸念があります。

　これまで、都市の農地は多面的機能としてしか評価されていませんでした。しかし、私たち農業会議・農業会議所は、都市の農地は生産によって支えられていることから、生産を大事にすべきだと主張してきました。その結果、都市農業振興基本法が制定され、基本計画が策定されました。ほんとうは都市農業基本法が必要だと主張していました。平成一一年に食料・農業・農村基本法ができたとき、当初第三六条に「都市周辺における農業について、振興を図るための施策を講じる」と入っていたのです。われわれ農業団体は、「都市周辺」は調整区域になってしまうので、「都市農業」

としてくれと主張していました。そのときの農水省は、「都市農地という言葉は日本にはない」と言っていました。都市周辺の農地というのは、市街区域の中のビルの隣にある農地でも、その農地は開発されていないのだから、それに含まれるということでした。しかし、全中の加藤源蔵副会長、東京都中央会の会長ですが、納得せず、結局、「都市及びその周辺」とさせましたが、そのとき私は、「都市農業」と言う言葉が入った法律をつくらないと、都市農地はいつまでたっても顧みられないと考えました。そこで、「都市農業基本法」をつくってくれと言ったら、笑われて、「じゃあ、中山間地域農業基本法、農振地域農業基本法などもつくるのか」と言われていました。

結局、都市農地の役割として、都市関係法では緑地としての生産緑地法で、農業関係法では農業の継続として相続税納税猶予制度となっています。都市農業基本法ができて、いままで水と油であった都市計画と農地保全が一緒になって、都市に農地を残していこうということになったわけです。

農業経営の継続環境なければ農業は残らない

今回の生産緑地制度の改正には二つの側面があります。一つ目は、規制の継続です。税金を安くするには規制を伴いますので、その規制の継続をするために何らかの手を打つ必要があり、それが特定生産緑地という仕組みです。いままでの生産緑地制度は、一階部分だけで三〇年間は開発行為に制限がありますが、三〇年経つと理由なく買取り申出ができます。そうすると規制がなくなるので、税金を安くする理由がなくなることになります。税金を安くするためには、その規制の継続が必要になるということです。そこで生産緑地制度を二階建てにしました。一階部分の制度はそのままにして、規制のかかる部分として二階部分を増築することで、税制特例を継続し続けることになります。税金が高くなってもよいと言う人は、二階部分を建てなければいいということです。二階部分は一〇年ごとに建て替え続けていくと税制特例も継続し続けることになるわけです。生産緑地の指定から三〇年が経過するときに、その二階部分が指定できます。これが特定生産緑地です。

この特定生産緑地の制度ができる前に相続が発生して、相続税納税猶予制度の適用を受けている人は、特定生産緑地の指定をしなくても、すでに適用を受けている納税猶予は継続しますが、次の相続が発生したときには新たな納税猶予制度が適用されません。相続税納税猶予制度は終生営農となっているので、その適用を受けている農地は特定生産緑地の指定を選択したほうが絶対得だと、農家の皆さんには伝えています。そうすれば、次の相続のときには、相続人がさらに納税猶予制度を適用することもできますし、買取りの申出をすることもできます。なお、特定生産緑地の指定をしないと宅地並みの固定資産税になりますが、五年間の激変緩和措置が設けられています。

一見、規制が強化されたように見えますが、よく考えてみると、これまでと同じように農業を継続するうえでは、相続税納税猶予制度は終生営農が条件ですから、何も心配する必要はないのです。安心して適用を受けるべきです。制度を正しく理解して、農地保全に向けた的確かつ慎重な対応が必要です。そのためには、農業者が動揺しないように、早急な普及・啓発も必要です。

二つ目の側面は、経営として継続できる農業の実現が図られるということです。十分とは言えませんが、面積要件の緩和や一定の転用の容認などが該当します。指定面積の下限は、市町村条例により三〇〇平方メートルにまで引き下げられました。いままでは物理的に隣接する農地だけが「一団」として認定されましたが同一若しくは隣接する街区の農地も一団としてとらえ、合算して指定できるようになりました。一〇〇平方メートル以下の農地はここで言う一団にはできません。

生産緑地に許容される農業施設も拡大しました。加工施設、直売所、レストランなどは、固定資産税が生産緑地内施設用地として安くなります。

例えば、宅地並み課税で三〇万円くらいだった所は一万円から三万円程度になるのではないでしょうか。ただし相続税納税猶予制度は適用できないので、レストランなどのような広い面積を必要とする施設は勧められません。ここで許容される施設は、規模や地域内農産物の割合などの決まりがありますので、それを逸脱すると、原状回復命令を受けることもあります。外から「こんな施設をつくると儲かる」と、どんなに薦められてもリスクを受けるのは土地所有者ですので、設置を検討する際には十分注意すべきです。たとえばレストランで、地域内農産物を五〇%以上使うことは東京ではなかなか難しく、農村地域にある市街化区域でないと、実現は大変だと思います。

用途地域に田園住居地域を創設しました。われわれは何年も前から、農業経営を続けていける環境をつくらないと農地は残らない、と主張してきました。農地を守る制度で農地だけが残っても、生活ができなければ農地はなくなっていきます。やはり、農家が生活できる仕組みが必要です。

例えば、農家が持っている農地のうち二割まではアパートにしてもレストランにしても許容されるという、経営単位の用途地域をつくる必要があると考えます。田園住居地域という制度はそれに近いものではあるのですが、地域指定ですので、合意が必要といった難しい問題も残ります。やはり農地を残すには、地域指定ではなく経営単位で農業を継続できる制度が必要です。

農業を続ける者が農地相続できるようにする

生産緑地の追加指定については、固定資産税の問題だけではなくて、市街化区域内の農地の貸借に関係してきます。「都市農地の貸借の円滑化に関する法律」では、市街化区域内の農地の貸付けは、農業経営目的と市民農園目的とがあります。この法律に基づく賃貸借は、耕作権がつかない、農地取得についての下限面積の適用外、そして相続税納税猶予制度が適用されるという性格を持っています。この貸付けができるのは生産緑地に限定されるので、生産緑地に指定されていない農地は、固定資産税が高い、新たな制度による貸借ができなく、相続税納税猶予制度の適用も受けられないということになります。このように市街化区域内の農地は、生産緑地としての制度の中でなければ存続ができないという状況になっています。

一方、生産緑地の買取り申出が、「期間の満了」のほかに、主たる従事者の故障等が起きたときにできるという基本には変更はありません。つまり、都市農地の貸借について考えるときは、これまでとは異なる大きな発想の転換が必要だということです。これまでは、家の周りにある大事な農地と少し遠いので相続の時には譲渡等も考えている農地があると、少し遠い所にある農地を貸して、家の周りの農地は自分で耕作することが多かったと思います。しかし、買取り申出のことを考えると、遠くの農地を自分で耕作しておけば、相続の時に生産緑地の買取り申出ができ、近くの農地は貸しておけば相続税納税猶予制度の適用を受けられます。どのような土地利用をおこなうかは、専門家によく相談する必要があると思います。

こうした貸借の変更は都市農地の継承に影響を与えます。都市農業振興基本計画では、「相続の際に他者に貸すことを見越して農地を持てることは、農地が均分相続される可能性が現状より高まり、農地として保全していくモチベーションが低下すると見られることから、公的関与の仕組みと土地利用の規制を導入する」としています。土地利用の規制は特定生産緑地制度であり、公的関与は農業委員会を中心に固定資産税の担当部署と、国税を連携させていくことです。例えば、相続した子供に、農業を継いだ者とそうでない者がいる場合、均分相続になると、農業をしない者にも農地が相続されます。そこで公的関与および転用規制によって、農地をまとめて農業を続ける者に農地相続できるようにしていくことが求められています。

都市農業振興上の位置づけが与えられた生産緑地には、市民農園を含めた貸借を相続税納税猶予制度にも容認していこうとしています。そこで、今回の法律改正になっていきます。

制度は耕作者が農地利用の計画つくりのため

しかし、どんなに注意を払ったとしても、大きなリスクは残ります。相続に伴う公的関与と土地利用規制という網は相続税納税猶予制度にかかってくるものですから、農業を「継ぐ、継がない」に限らず、すべての相続人にかかります。例えば、農地を相続した者が相続した農地のうちどれくらいを納税猶予制度の適用を受けるようにすれば良いかは、十分検討されなければなりません。相続の発生から一〇か月以内に相続税の申告を終えなければなりません。相続税納税猶予制度というのは、例えば、沖から見えない岸にボートを漕いで行くことに似ています。終生営農ですから、いつまで漕ぐがわかりません。そこでの賃貸借は、そのボートの漕ぎ手を交代できるということだと考えます。つまり、相続税納税猶予制度に踏み出す勇気を与えてくれる特効薬が、この賃貸借です。しかしその副作用である相続時のトラブルを防ぐために、生前に相続対策をしておく必要があるのです。相続対策をしておくことによって、できるだけ多くの農地を「家」という単位に残して置くことが、家族のためにも、地域のためにもなると思っています。

市街化区域内農地の賃貸借が可能となりますので、すぐにでも相続対策に着手し、相続税納税猶予制度について理解を深める必要があります。宅建業者や外食産業が、建てれば儲かる、今なら間に合う、一切お任せ下さい、と言って来ても、リスクはすべて土地所有者にかかってきます。

たとえばアパートが、家賃を生み出してくれるのではなく、入居者が家賃を払うのです。入居者のいないアパートからは家賃収入は望めません。入居者が選ぶのは駅から近いアパートであり、駅から遠ざかるほど家賃は下がります。残念なことに農家の持つほとんどの土地は駅から離れた所にあります。入居者が選ぶのには立地とニーズ、そしてサービスがあり、立地が悪ければ、周辺との競争に勝つ努力が必要になります。つまり、不動産業は常にお客さんを逃がさないようにしなければならないサービス業です。農家の持つ賃貸住宅の多くは立地に恵まれていません。しかし、都市住民の憧れる環境と農地があるので、農業と都市住民を結ぶその魅力を活かすことを考えるべきだと思います。農業体験をセットにしたアパート経営も良いでしょう。穏やかで和やかな環境をつくれるということが農地の利点でもあります。空き室が増えてきたからといって、もう一棟建てるのではなくて、空き室を減らしていくこと、あるいは付加価値を付けて収入を得ていくことを考えていくべきです。

生産緑地や相続税納税猶予制度は、一見厳しい規制を受けると感じるかもしれませんが、行為制限や転用規制を嫌がるのではなく、これから農地をどう利用していくか、計画をつくり、実現していくために制度を利用すべきです。耕作者が元気なうちはいいのですが、体力が弱ったときや相続が発生したとき、どうするのかです。その計画づくりには、まず家族で話し合いをしなければなりません。今の状況や判断のみでアパートやマンションを造ると、子供や孫の代にはこの土地に住めなくなるかもしれません。どんなに制度や施策が充実しても、家の継承を実現できるのは家族しかいないのです。大切なのは生産緑地や納税猶予制度をうまく利用して、家を守っていくことです。今回の貸借を容認する制度は劇薬です。効果もある反面、処方箋を間違えると、強いアレルギー反応が出たり命を縮めてしまう恐れがあるからです。

市町村の街づくりに対する考え方も、依然として人口の増加を発展として捉え、都市の拡大を期待しています。そこには未来を描くシステムも十分ではありません。農業団体は解説者のような説明や、評論家みたいな制度批判をする余裕はもうありません。農家に安心を届け、個々の相談に応じられる体制が必要だと思っています。

農林水産省から委託を受けて全国農業会議所では、都市農業機能維持支援事業をおこなっています。農家や農業関係職員等に対する説明会や農家に対する個別相談会を開催します。そこでは、相続税の仕組みや相続税納税猶予制度、生産緑地、都市農業振興基本計画などについて研修・説明をおこないます。

いちばん大事なのは、農家に自分で考えてもらうことです。「このようにしたいのだけど、制度はどうか、メリット・デメリットは何か」と言うことをよく話を聞いて理解し、家族で考えて答えを出す。そのお手伝いをしていきたいと思っています。今日は、私がやっていることを紹介させていただきました。ありがとうございました。

（はら　しゅうきち）

〈質　疑〉

―― 三大都市圏の特定市以外で、生産緑地制度の導入についてはどのように見通しておられますか。

原　市街化区域内農地の貸借は生産緑地でなければ対象となりません。特定市以外の市街化区域では担い手が不足しても貸借が納税猶予の対象とならず不耕作状態になりがちでした。また、なし崩し的な開発を防止する観点からも生産緑地の指定は有効です。

特定市以外の市街化区域では生産緑地の指定を受けると、二〇年免除から終生営農になってしまうので、生産緑地指定への意欲がなくなってしまうのではないかという危惧もありますが、農家には次のように答えるようにしています。一つは、二〇年と終生とはどのくらい違うのかということです。たとえ一〇万円の固定資産税でも、それを二〇年、三〇年払い続けていかなければならない。その税金は農業収入で払っているわけではなくて、アパート等の不動産から得ているお金で払っているわけです。そのアパートで相続税が高くなり、結局、行き着くところは税金で、すべてが持って行かれる。今ひとつは計画作りです。将来設計をして、その実現のため制度をうまく活用しながら次の世代にバトンタッチをする。それぞれの農地によって利用を考え、制度の適用を受けるかどうかを考えていく必要がある。

―― 東京都内では、相続税納税猶予制度の適用を受けている割合は少ないようですが、それは農家の将来設計が十分検討されてこなかったからなのでしょうか。

原　相続税納税猶予制度の適用を受けるかどうかは、家として代々の農業を続けていくという家と、相続で農地を分けてもらっただけという家とでは、農業を続けていくという意識に差があるようです。農地所有者の数で見ると、圧倒的に後者の方が多くなっています。

また、都市の農地を守っていくことについて相談できるシステムがなかったことも、適用割合が少なくなった一因かもしれません。相続については税理士任せになっている。制度をよく知っていて農家の気持ちもわかっている人が話を聞くことがあまりできませんでした。税理士と農家の通訳ができる人が必要なのです。そういう対応ができていなかったことには、われわれも反省すべきところがあります。都市農業機能維持支援事業の将来的な目標は、各都道府県に相談員を置いて、そうしたことを相談できるようにすることです。

――　そのような相談を担うのは、どういう人材になるのでしょうか。

原　本来的な相談窓口は農業委員会系統組織であるべきだとは思いますが、農業委員会に相談に行く前の取り組みは、先ず愚痴を聞いてあげるということだと思います。それは農協の役割だと思っています。農協には農家の愚痴を聞いたときに、それを何とか解決してあげようという意識を持ってもらいたい。

――　今の法律・制度の枠組みで、本当に都市農地・農家が残っていくとお考えですか。都市計画の中に、もっと積極的に農地を組み込む必要はないのでしょうか。

原　結局は延命措置であり、このままでは将来的には大部分の農地はなくなるだろうと思っています。今の制度があれば、ほんとうに残りたい農家は残っていくでしょうが、農業を「業」として維持することを考えているところが、行政を含めてまったくないということが問題です。農「業」であるからには、夫婦できちんと働いていれば子供を大学まで行かせて生活もできなければならないと思っています。それができない産業は、「業」として胸を張れない。それでは、どんな制度があっても行き着く先は厳しいでしょう。そのためには地域指定ではもはや乗り切れなくて、経営体を経営体として残すことが必要です。農業を一生懸命やっているということは、農村地域では国土保全の意味もあるし、都市地域では緑地環境などの意味もあります。それを国が評価して、直接支払いをしていくことが求められる。その直接支払いは尊敬を持っておこなわれなければなりません。人口減少が進んで、これ以上の開発が不要になり、景気も悪くなっていくことも考えなければならない。いずれにしても、都市計画にそれを組み込むのは難しい。やはり農林水産省が経営面も含めて、仕組みをつくっていくことが必要です。そのためにも、今一代の農地を残していくことは重要です。延命をしていくことによって、その先のいつかの世代で農業を見直すことがあるかもしれません。

―― 相続税納税猶予の適用を受けていても貸借ができるようになるわけですが、その制度改正そのものについては、どう評価しますか。

原 実際には、家族で相続の話をするきっかけにしていただきたいという期待があります。この貸借だけで都市の農業が活性化したり、農業の継続に向いていくとは考えていません。評価できるのは、納税猶予制度の適用に踏み出す勇気を与えてくれることと、家族内で相続の話をきっかけになるということです。この貸借制度を最も使いやすいのが自営型の市民農園あるいは体験農園です。そうではなくて、農地を農地として他の農家に貸すことは、相手のいることですので、なかなか難しいでしょう。

―― 農家が民間の貸し農園運営会社と連携する場合が増えてくると思いますが、その場合、農家にはどんなリスクが出てくるのでしょうか。

原 私が農家に説明するときには、次のような話をします。楽をしていこうと思ったら、相続の時にトラブルが起こります。楽をしようと思わないで、農業を楽しむ方向に持って行けば、自ずと後継者もつきやすくなります。貸農園として民間に委託する、ＪＡに委託する、市町村に委託する、どんな形にしても、どういう目的で農地を利用するかが大事です。使わない農地の管理が面倒くさいので委託するということであれば、行き着く先は均分相続です。今は労働力がないので貸しに出しているが、定年退職後はちゃんと農業を継ぐという将来設計があるうえでの委託であれば、良いのではないでしょうか。

　相続の最も都合の悪いところは、相続についてきちんとしておかなかった本人はもういないので、反省ができないことです。預かっているものをどう次に伝えるかは、預かっている親の責任ですので、それを果たさずに死んでいくのは先祖に対して言い訳がつかないでしょうと、農家に言っています。

――ＪＡの合併が進んで数も少なくなるまでは、ＪＡの幹部は、管内の組合員の顔と名前をすべて知っていましたし、どんな家族がいるかも知っていました。つまり、すぐに相続の相談にのれる体制がありました。今では、数が少ないうえに人事異動も頻繁ですので、支店長ですら管内農家のことを知らないのが実情です。農家と税理士との間を通訳していく人材をいかに育成していくかは、ＪＡにとっても重い課題だと思います。

　ところで、二〇二二年を迎えると、特定生産緑地を選択する割合はどのくらいだと予測されていますか。

原　その予想は難しいのですが、特定生産緑地の制度についてのPRをうまくできれば、ほとんどの農家が選択してくると思います。この制度の仕組みはなかなかよくできていて、国交省は、三〇年を超えた生産緑地について、そのままでは税制優遇はなくなると言いますが、そうだとすると、その中で特定生産緑地の制度はかなり有効だと思います。制度について正しく伝えられるかどうかがポイントです。ＪＡでも、未だに開発志向のＪＡと農家を残していかないとＪＡ自体が生き残れないと考えているＪＡとがあります。

いずれにしても人口が減少する一方ですから、不動産業界が活性化する地域は非常に限られます。そのときに農地をうまく残しながら、農家の生活をどのように安定させていくかをＪＡとして考えていかなければいけないと思います。全職員を集めて、私の話を聞かせたＪＡでは、ＪＡの職員である以上、「特定生産緑地」についてきちんと知っておかなければいけないと考えていました。そのような意識が大事です。農家が農家の持っている土地にこれ以上アパートやマンションを増やしても、将来的に農家経営として厳しくなることを、ＪＡのすべての職員が理解しておくべきで、農家が残っていかないとＪＡは残っていきません。私はかつて六年間ＪＡの職員をしていて、その後八年間にわたって理事を務めたこともあって、私自身はＪＡに期待をしています。

――　例えば、農地の所有や利用状況、家族構成などから、制度の最適な利用が把握できるようなシステムはつくれないものでしょうか。一定の目安があれば、多くの農家の意思決定に役立つと思うのですが。

原　何年か前、農水省の事業でシステムをつくったことがあります。固定資産税評価や路線価、家族構成などから大まかな相続税を試算することができ、納税猶予制度を適用すればどのくらいになるかがわかるシステムです。まだ完成はしていないようです。

ただし、農家の意思は多様ですし、実はその考え自体を引き出すのが難しいのです。その意味では、そうしたシステムを中途半端に使うことはかえって危険かもしれません。今は、行政、ＪＡでもそうですが、常に変化させていくことが良いことだという考え方があります。ただし、私がこうして話ができるのは、三八年もこの業界にいて、いろいろな人と話をしてきたからで、このノウハウをシステムに入れるということも難しいでしょう。

ＪＡの職員でそうした人材を育てるのが難しければ、農家の気持ちにほんとうに寄り添うことのできる税理士を若いうちから育てていくことが必要でしょう。

――　都市農地の状況を見ると、市街区域内農地は半減していますが、見方を変えると、市街化してもいいという農地が二〇年経っても半分は残っているということでもあります。二〇二二年になっても、やはり慎重な動きになるのではないでしょうか。

原　結局、農家はどうしたいのかということです。相続で土地が分割され処分するにせよ、農業を続ける道を探るにせよ、家族でまず話し合うことが大事です。生産緑地にかかるいろいろな規制を嫌って指定を受けなくて、二五年間も無駄に税金を払っているわけです。東京では、一〇アール当たり三〇万円にもなりますので、七〇〇〇万円以上のお金をただ払っていただけになる。これを機会にきちんと考えることです。具体的に転用計画があるところは外して、迷ったところは適用を受けるべきです。建設業界は、特定生産緑地になったら一〇年は我慢しなければならない、という言い方をしますが、適用を受けて後悔するのは実質的には数年経ってからのことです。そのため、私が説明会で話すときには、特定生産緑地の適用を受けたほうが良いという印象を持ってもらうほうがいいと思っています。

（二〇一八・五・二五）

農あるまちづくり　東京の現場から

ＪＡ世田谷目黒 経営管理委員会 会長　飯田　勝弘

皆さん、今晩は。ご紹介いただきました世田谷目黒農協の飯田と申します。どうぞよろしくお願いいたします。今日は、わが家の農業、農協での取り組み、そして対応すべきことについてお話をしようと思います。

私は昭和三〇年（一九五五）生まれで、六二歳です。昭和三〇年頃は世田谷にも専業農家がたくさんありました。その頃は、ただ体を一生懸命動かして生計を立てていたので、生活をしていくために多額の現金収入は必要ありませんでした。自給自足の部分も多く、わが家でも米や麦、味噌・醤油も作っていました。そういう意味では、農業で食べていける環境が世田谷にもありました。小さい頃から農業を継ぐことが当たり前としてありました。小学校三年のとき、もう一人前だから、日曜、夏休み、冬休み、春休みは農業の手伝いをしろと言われました。それまでは楽しみだった日曜日や夏休みなどが来なければいいと思うようになりました。それが大学を出るまで毎年のことでした。当時の日本は、全国の農家が同じようだったのだと思います。私もこれからもずっと、農業をやってくのだという感覚でおりました。

その状況が壊されたのが、昭和三九年のオリンピックでした。開発がどんどん進み、四〇年代の後半からは、日本列島改造論の影響もあって、さらに開発が進んできました。四八年に市街化区域内農地Ａ・Ｂ・Ｃの内、Ａ農地への宅地並み課税が始まりましたが、当時は世田谷の一部にしかＡ農地はありませんでしたので、反対運動もあまり盛り上がらなかったようです。私の父親も含めて近所の農家が集まって、大変なことになったと相談していたのを覚えています。

ある時、普段は旅行にも行ったことがなかった父親が一週間ほど家を空けるということがありました。高校生だった私に、何県だったか忘れましたが、国会議員の先生のところへ陳情に行くから、お前が畑をやっておけと言われました。そのときの父親の厳しい顔を見て、たいへんなことが起きているのだと思いました。その後、父親は、「われわれは一生懸命に下を向いて畑を耕してきた。顔を上げたら周りが宅地になっていただけだ。生業として農業を続けてきただけだ」とよく言っていました。

生産緑地制度が四八年にでき、わが家もすぐ第一種生産緑地に登録しました。当時の面積要件が一・五ヘクタルでしたので、分散していた小さな畑については世田谷区の登録農地制度の適用を受けることにしました。そうして、何とか農業を続けていても払える程度の課税で済んでいました。

五一年には、B農地とC農地にも課税され宅地並み課税反対の運動が盛んになり、農協組織も運動を始めました。はじめはA農地を所有する数人の農家が訴えていただけで、仲間の農家でさえ関係ないというふうな雰囲気だったと、父親は言っていました。その反対運動が盛んになった頃、私は大学三年で、卒業したらすぐに就農するから一年間海外に行かせてくれと頼みました。拓殖学科にいましたので、将来は海外に出ようと考えていました。フィリピンのネグロス島で開発団員として一年間を過ごしました。そこで生きていくことの原点を知ることができたと思っています。必要最低限の物の中で人々は生きていましたが、みんな楽しそうに暮らしていました。一年経って帰るつもりはなくしばらくそのままいたら、母親から毎日のように手紙が来て、しようがなく帰ってきました。

五三年に大学を卒業し、約束通り就農しました。その年の一一月に祖父がなくなり、父が相続しました。農地一〇アールと自宅の一部敷地の売却によって多額の相続税を何とか払いました。そのときに登記簿を見せてもらったのですが、そこには、相続税の本税と利子税合わせて一〇億円以上の国の抵当権がついていました。こんな借金を背負って農業をやることになるんだと思った記憶があります。当時はまだバブルが大きくなっているときで、畑で仕事をしていると、都市農家は土地の値上がりをまっているんだろうという目で見られました。マスコミも都市農家を攻撃していました。何を書かれるのかわからないのでマスコミの取材のときには、用心して農協の職員も立ち会って、対応していました。納税猶予の適用を受けていることが税の優遇を受けていると思われていることはわかっていましたので、とにかく、後ろ指は刺されないようにという気持ちで父親も私も、今まで以上に真剣に農業をやらなくてはいけないと思いました。

都市近郊の典型的野菜専作からブドウ栽培

昭和五四年にブドウの栽培を始めました。もともとは都市近郊農業の典型で、野菜専作でやってきましたが、私が大学を卒業するとき、父親は野菜づくりで有名だから、野菜をやっていたら一生勝てない、別の作物をやったほうがいい、と恩師から言われていました。家の周りに宅地が増えてきていたこともあり、直売で売れ、単価も高く、だれもやっていないブドウを選びました。当時、火山灰土壌でブドウの良い物はできないと言われましたが、チャレンジしてみようという気持ちもありました。近隣農家も興味を持って見ていたようです。野菜の収益は一定程度ありましたし、それ以上の収益を上げたい、とくに父親を超えたいという気持ちからブドウ栽培に取り組みました。

昭和五九年、世田谷ブドウ研究会を立ち上げました。現在でも、一四園、二〇名くらいのメンバーがいます。当初は四名で研究会を始めましたが、多い時で一八園にもなりました。平成四年

（一九九二）には研究会の会長を務めることになりましたが、この年、相続税納税猶予制度の年限が二〇年から終身に変わりました。因縁のようなものを感じます。当時は、父親は健在でしたし、私も若かったですから、自分に相続がくるとは想像もしていませんでした。しかし、平成七年一月に、父親が脳梗塞で倒れてしまいました。大きな労働力を失いショックでしたが、これを機にブドウを拡大し、全体の七割までにしました。

その年の一二月七日、世田谷連続放火事件が起き、自宅が全焼してしまいました。なにより大変だったのは、火事によって不動産関係の書類をすべて焼失してしまったことでした。私もそうですが、父親も農業だけをやっていれば良いと考えていましたので、不動産関係のことはよくわかりませんでした。そこで、農協に相談して、関係書類の再発行の手続きをしたり、測量をし直したり、権利関係の整理をしました。そうした中で、昭和五四年の父親の相続時と今では状況がまったく違うということに気が付きました。六二年に土地評価の仕方が公示価格に変わり、評価額が大きく増えたので、当時父親が考えていた相続対策は役に立たなくなっていました。貸借間の権利関係も変わりました。昼間は農業をやり、夜は不動産関係の情報の整理をして、それだけで一〇年以上かかったでしょうか。

そうして平成一二年、昭和五四年の相続から二〇年になるので、相続税納税猶予期限が確定したため、相続税を払い終わることができました。ブドウ研究会会長の任期も終え、ほっとしたときでもありました。平成一六年には、ワイン専用品種の栽培を開始しました。世田谷区は昭和五八年頃から世田谷ワインづくりに取り組んでいましたが、本物の世田谷産のワインをつくろうと研究会の中にワインの部会を立ち上げました。苗を配ってから二年後には収穫でき、うちのブドウで五〇本、ほかのメンバーのブドウも含め全部で六〇本弱のワインができましたが、以後はだれも出荷しませんでした。品質の良いワインをつくるには資金も時間もかかり、すぐに結果が出ませんので、結局、私一人になってしまいました。今は年間五〇〇～六〇〇本ですが、今後、最終的には一〇〇〇本程度の販売ができればと考えています。

なぜワインかと言うと、ブドウ栽培が二〇年経ってマンネリ化していたことがあります。農業経営の中で、もう一度何かに挑戦してみたいという気持ちがありました。すぐにうまくいくはずもなく、採算が合うようになったのは、やっとこの三、四年です。五〇〇本以上つくれれば、採算はとりやすくなります。平成一八年、最初のワインを醸造し世田谷ワインとしてリリースしました。

気が遠くなるような相続税を支払いながら

平成一九年（二〇〇七）二月、父が亡くなりました。相続の準備はしてきましたが、相続税納税猶予の要件が二〇年から終身営農になったので、やはり悩みました。自分は、死ぬ瞬間まで営農できるのかとまず考えてしまいます。大学生だった娘が将来農業を継ぐかはまったくわかりません。

納税猶予を受けることにして、もしある日突然農業ができなくなったらどうするか。終身ということは、生きている限りは、どんなことがあろうとその義務を負わなければならない、命と引き換えということです。

その意味ではたいへんな決心です。もともと高い税金に利子税もかかってくるわけですから、それが一〇年経った時点で営農できなくなったら大変なことになります。いろいろ考えると、なかなか勇気が出ませんでした。父親が相続したときは農地全部を納税猶予にしたわけですが、私はそこまで勇気がありませんでした。結局、農地半分に納税猶予を受けることにしました。生食用のブドウ栽培はかなり手間がかかりますが、ワイン用のブドウは、樹がある程度成長すれば、管理自体はシンプルで、営農を維持すること自体はできるのではないかと考えていました。何かあっても、なんとか畑を続けていけるのではないかと思います。

半分が納税猶予となりましたので、相続税はその分上がります。気が遠くなるような相続税を支払うことになりました。父親はすべての農地に納税猶予を受けて、一生懸命農業をやって、農地を残してくれました。おかげでその農地を処分することでだいぶ減ったものの、農地をまた残すことはできました。四〇アールを処分して、七〇アールを残すことができました。相続が発生すれば農地が減るということは、どうしようもない事実です。

いろいろな制度はありますが、農地の相続税については、納税猶予制度でなんとかなりますが、ほかの土地や家屋などの評価額は高いので、農家として見ると、土地は減っていきます。

農地の所有と利用の分離に着々と進んでいる

そして、平成二〇年（二〇〇八）から、世田谷目黒農協の経営管理委員、二三年から経営管理委員会の会長を務めることになりました。生産緑地制度と相続税納税猶予制度は、もともとは、「生業として死ぬまで耕す」という覚悟で勝ち取ったものだと思っています。昔は、都市農家は土地の値上がりを待っているんだと言われていましたが、それでも前の世代は頑張って農業を続け農地を残してきました。そういう理不尽を押し付けられたという過去があり、今、都市農業振興基本法という法律ができて、それに則ったいろいろな制度ができたことは当然だと思います。いろいろな制度ができることはありがたいと思っていますが、その制度にわれわれが甘んじてしまうと、自分たちのアイデンティティが無くなってしまうと思っています。

税金についての話はデリケートですので、感情的な部分も出てきて当然です。その意味では、納得してもらえる農地と農家というのは、自ら営農して、汗を流す姿しかありません。同時に、都市農業振興基本法ができて、生産緑地の貸借もできるようになるようですが、決して、安心も楽観もしてはいません。政策の大きな流れは、企業参入、規模拡大、ＡＩ・ロボットと、農家が要らない方向にも見えます。農地の所有と利用の分離に着々と進んでいるように見えて仕方ありません。しかし、今は楽観の風潮があるようです。

生産緑地を貸借できるようになると、特定生産緑地にすれば一〇年経って買い取り申請ができるので、それまでは貸農園運営会社に貸しちゃえばいいという相続人が増えれば、農地はあっという間に分散されてなくなっていくでしょう。農地が土地としか見えない人が相続するようになれば、今までのようにまとまった形で農地は残らなくなる。制度に安易に乗って、農家が楽をすれば、農地は残っても農家は残らない。それは、われわれの思っていることとは違う姿です。だからこそ私たちは、自ら耕すことを手放してはならないと思っています。高度経済成長の中でも、3Kと言われ、都市に農業は要らないと言われても、自ら耕すことで農地を守ってきた先輩たちの苦労や努力を、われわれの世代で無にするわけにはいかないのです。

娘が最近会社を辞めて農業を継いでくれると言っているのは、両親が一生懸命農業を続けているのを見てのことだと思っています。

特徴は農地の最も少ない農協

世田谷目黒農協は都市型農協ではなくて、都市農協そのものです。農協がなくても誰も困らない所にあります。そこで組合員の資産と農業・農地を守るために、これまでやってきました。世田谷目黒農協の管轄区域は、世田谷区の都心よりの半分と目黒区の全域です。人口は両区合わせて一一七万人と、ちょっとした県の人口を超えています。世田谷区全体の農地面積は九〇㌶程度に減っていて、管内では四〇㌶、目黒区には三㌶残っています。これしか農地がないのになぜ農協があるのかというくらいに、農地は減っています。正組合員が約五六〇名、職員は六〇名と、合併もせずに頑張ってきたほんとうに小さな農協です。

平成一六年（二〇〇四）に、ＩＳＯ一四〇〇一（環境マネジメント）を取得していますが、それ以前から都市農地の多面的機能や環境保全機能について主張してきたので、職員の意識づけもあって、認証取得に取り組みました。こういうことに取り組むことなく、都市農地保全を訴えるわけにはいかないと考えてきました。平成二〇年に、目まぐるしく変化する環境に対応するため、迅速な経営判断と執行ができるよう、経営管理委員会制度に変更しました。理事会制度では月に一回しか経営判断ができなく、それではとても現在の変化の速い環境での経営は成り立ちません。そこで、経営と執行を分けました。出資金三億三〇〇〇万円、自己資本額九八億円、自己資本比率二九・五四％です。不良債権はありません。

一番の特徴は農地が少ないことです。昭和二五年には一三五〇㌶あった世田谷区の農地は、昭和五〇年に三六〇㌶と二五年間でほぼ一〇〇〇㌶が減少しました。生産緑地法ができて少しは減り方が小さくなったものの、それからの四〇年間で二七〇㌶減少して、今は管内の農地は四〇㌶です。実は、当農協が設立されたときから、農地が激減している状態であり、農協という組織にとっては破壊的な要素を抱えながら農協が設立されたということができます。現在は、管内の農地はすべて特定市街化区域内農地として生産緑地になっています。生産緑地でないと、一〇アール当たり二〇〇万円以上の固定資産税がかかりますし、平均的な相続では、一〇アール当たり一億円以上の相続税がかかります。生産緑地であれば、固定資産税は一〇アール当たり三七四〇円ですし、納税猶予も受けられます。ただし、終生営農が条件ですので、これが高いハードルになっています。

そんな状況の中にあっても、農業・農地そして農協は生き残ってきました。逆説的に言うと、昭和四七年（一九七二）の農地の宅地並み課税があったからこそ、この農地と農協が残ったのだろうと思っています。当時はどこの農協でも、貯金高や共済の新規獲得に血道を上げていて、組合員からも農協の存在意義が問われた時代でした。そのため、組合員の農協離れも起こりました。そのような中で農地に、一〇アール当たりにして一〇〇万円くらいの宅地並み課税が掛けられました。そこから火がついて、いろいろな運動が始まりました。当時Ａ農地があったのは全国で当農協管内だけだったので、世田谷目黒農協管内は宅地並み課税問題の発祥地と言えます。周りはまったく関係のないふうに見ていて、足元に火がつくまで、無関心だったのです。反対運動が拡がっていって、昭和五一年にはＢ農地、Ｃ農地にも課税されてほかの皆さんの足元にも火が及んで、農協グループでも真剣に運動し始めました。その後、生産緑地制度や相続税納税猶予制度ができて、昭和五七年に長期営農継続農地制度が制定され、一応落ち着きを見せたと思います。

宅地並み課税のときに、初めて組合員と農協の思いが一緒になって、なんとかしようということになったと思います。残念ながら、農協への信頼感を取り戻したのもこのときだったのです。もしその問題がなかったならば、依然として農協は貯金高や共済の新規獲得に一生懸命だったでしょう。組合員は置き去りにされたままだったかもしれません。

そうした運動を通じて確信したのは、農業に取り組める環境づくりこそ農家組合員が第一に農協に求めていることだということです。そこで、まず農地がなかったら農業は始まらないわけですから、農地がしっかり残り、農家が安心して農業をできると思ってもらえる環境を整える事を目指しました。そこから、われわれの取り組みが始まりました。

農家に相続が発生すれば農地は減りますし、農家にトラブルがあっても農地が減る原因になります。農家組合員が相続と事業承継をしっかり乗り越えないと、農家は続きません。農家組合員の抱えるあらゆるトラブルや悩みを確実に解決していくことが、農業と農地が残り、農家が残ることにつながると考えています。昭和五五年には、宅地並み課税反対の運動もだいぶ先が見えてきて、その頃から、資産サポート事業の立ち上げ準備を始めました。

資産サポート事業取り組みの始まり

昭和五九年（一九八四）に、相続に関する相談業務を中心とする資産サポート事業を始めました。

これは資産管理事業とは異なるものです。アパートの斡旋や土地売買仲介などの不動産事業ではありません。私たちが目指したのは顧客満足ではなく、組合員本位です。組合員は顧客ではありません。農協の目先の収益の対象ではないのです。そこで、この資産サポート事業では、お嫁さんの紹介から始まり、さまざまな悩みの相談に乗ることにしてきました。従って、この事業については直接的な収益は求めないことにしました。当時の高橋組合長の理解があってスタートできたものだと思っています。組合員の真の利益を図ることは、次の世代も視野に入れた長期的な利益を守ることです。目先の利益を追求せず、無理をさせないしっかり農地を守れる農家経済を考えて、いろいろな相談業務を進めてまいりました。

とくに相続を中心にした相談業務は、まず親世代の信頼を得ることが大事です。どうしても元気のいい若い人に目がいってしまいがちですが、そうではなくて、苦労を知っている親世代の悩みや心配事を取り除いてあげることがとても大事です。何かあったら農協に相談に行けと、親から息子に言ってもらう事が一番大事です。そう言ってもらうためにどうするか、という事業にしていきました。

資産サポート事業は、組合員の相談の窓口としての相談業務を中心にしています。組合員が安心して家業に専念できるように、その他の心配事を解決できるようにしています。また、農地を次世代に継承できるように、そうして、農家組合員の家が代々栄えていくように、特に相続、事業継承の問題については総合事業を活用して、きちんとサポートしています。それは、組合員がいなくなったら農協は成り立ちませんので、農協にとっても大事なことです。そして、各事業と連携して確実に組合員の抱える問題を解決していきます。総合事業というのは、信用事業や共済事業など何でも抱えることではなくて、組合員の生活を支えるいろいろな悩みやトラブルを解決するための手段として、信用事業や共済事業などがあるということだと思います。それが、本来の農協の姿ではないでしょうか。

このように、組合員の信頼を得ることを第一に、続けてきました。これを続けるにあたって大切なのは、組合員に信頼される現場の職員の存在です。相談業務はさまざまな専門家の手助けが必要です。弁護士や税理士、不動産関係の人たち、いろいろな業種の人とお付き合いしていかないと解決しません。そうしたことを一つひとつ積み上げていくことで、一人ひとりの職員も人間的に成長できます。それがまた、組合員の信頼を得ることにつながっていきます。情報収集はとても大事なことで、今でもしっかり取り組んでいます。情報の収集と提供は、組合員からの信頼に結びつきます。もちろん鮮度が大事で、だれも手にしていないような情報をさまざまな手段を駆使して得るようにしています。

組合員の抱える問題は実に多様なので、いろいろな専門家との連携が欠かせません。連携する専門家は、信頼ができ、農協や地元のことをよくわかっている人である事が大切です。そういう専門家たちを農協が育てていき、そうした専門家と連携していくことが大事です。単に報酬を払って雇うだけでは、組合員に満足してもらえるような対応はしてくれません。また、そうした信頼できる専門家であっても、丸投げしてはいけません。それでは、農協は要りません。専門家との間に農協の職員が必ず入って、組合員の思いをきちんと専門家に伝わるようにすることが必要です。そうして専門家の答えは、理解しやすいように組合員に伝えていきます。これを繰り返していくことで、組合員の思いが専門家に正しく伝えられ、組合員の期待に応えられるような回答が得られるようになります。そうした積み重ねが農協への信頼につながります。そして農協の各事業を利用していただけるようになって、結果的に、このような相談業務に取り組む原資できていくと考えています。

相談業務の実績と効果を上げる

平成三年（一九九一）から平成二八年までの相続相談の取り扱いを見ると、相続税申告のお手伝いが二一八件ありました。それによって組合員が取得した資産は三一〇四億円、支払った相続税は一〇四七億円です。平均すると一件当たり約四・八億円の相続税を支払っていることになります。当農協の貯金高は七七〇億円ぐらいですので、組合員がこれだけの相続税を支払っていることから、その貯金高は減少してきてもおかしくないのですが、実際は、貯金高も貸出も増加してきています。やはり、信頼していただいて、利用していただくことができたと考えています。

相続については、スムーズに次の世代に渡すことができると、今まで農協とあまりお付き合いのなかった相続人でも、農協とお付き合いいただけるようになります。相続人が勤めていると正組合員から外れ出資金の回収が生じることになりますが、引き続き正組合員の資格を持つことも少なくありません。こうした取り組みを地道に続けていくことが、農地の保全につながります。個々の組合員の資産の内容の把握や家族情報が蓄積され、その後の相談業務でも有効なサポートができます。

相談業務が大事なのは、都市だけに限ったことではありません。とくに相続や事業継承に関しては、全国すべての農家に起こることです。相続相談業務は、農地を残し農家を残し、そして農協の基盤強化の事業となります。そうしたことを理解していただくために、いろいろな農協とお付き合いをしてきました。理解のある農協と連携して、まず相談業務の長期研修をおこなっています。最低半年の研修に、希望した農協から職員が出向してきますが、研修費用や住居は当農協で負担しています。地方では東京ほど相続税はかかりませんが、相続税の多寡にかかわらず、農地を次世代に継承する重要性は変わりません。相続手続きをしておかないで何世代も経つと、所有者のわからない農地ができて、処分できない土地がたくさん発生してしまいます。所有者不明の農地は、農地集積を妨げる一因ともなります。今からでも遅くないので、農協がしっかり取り組んでいけば、未登記の農地を少なくできるでしょう。それができるのは、国ではなくて、地元の組合員と付き合ってきた農協しかありません。研修職員を受け入れた農協とは友好組合協定を結んで、災害時だけではなくて、常に職員同士の交流をおこないながら、切磋琢磨しています。

当農協は管内四〇ヘクタール、一戸当たりの農地面積は一〇アールあるいは二〇アールにしかすぎません。したがって、まとまった量の農産物生産はありません。そこで友好農協の農産物を手数料なしで販売させていただいています。本店前の販売スペースしかありませんが、平成二五年から始め、年々売り上げが増え、年間九〇〇万円くらいを売り上げるまでになりました。

農地、農業を守り残していく農協の役目

当農協の存在意義は、組合員の暮らしと資産を守り、農業・農地を守ることです。そのため、今まで以上に相談業務を中心に、各事業を連携させた総合農協を目指しています。相談業務を柱として、農地の保全にも力を入れていきます。農地を減らさないことが、当農協管内の農業振興につながると考えています。組合員の信頼を受けて、組合員の結集軸としての農協でありたいと思っています。農地の宅地並み課税問題のとき、農政運動は一人ひとりの組合員では限界があり、大きな山を動かすには組織の力が必要だということがよくわかりました。これから農業を続けていくうえで問題があって、それが政治や制度で変えることができるのであれば、それが実現できる力の結集軸でありたいと思っています。特定生産緑地の貸借が可能になることは、大きなポイントなると考えています。体験農園の開園、企業の福利厚生といった需要にも応えていく必要があります。そのような場面においても、必ず農協が間に入って、組合員の目線で助言あるいは手伝いをしていきたい

と考えています。

農業の担い手の半分は女性ですし、女性の力がなければ農業はできません。当農協では、従前の女性部とは別に、女性農業者の会をつくっています。女性が中心に農業をやっている場合はけっこうあって、そういう人たちが集まって農業女子トークができる場所をつくりました。ややこしい規則はつくらず、何でもありで、とにかく、女性に元気でいてもらいたいという思いで始めています。

農家組合員、農業、そして農地を守って残していくのが農協の役目だと思っています。どれ一つが欠けても、農協の使命は果たせませんし、存続できません。特定生産緑地の貸借ができるようになりますが、農家が怪我や世代交代のときの一時的な緊急避難制度として農地保全に有効でしょう。

一方、これから農業をやっていく世代は、昭和四〇年代（一九六五）の宅地並み課税問題を経験していません。生産緑地や相続税猶予制度は、今ではあって当たり前で、その中で都市農業をやっています。実は、これ等の制度はかなり危うい泥船ではないかと、いつなくなってもおかしくない制度だと私は思っています。常に、注視しながら進まなければならないし、こうした政策の流れを理解することが大事だと思います。それが現状の制度の政治的な意図を理解する上でも大切なことではないでしょうか。

いつの時代でも、組合員本位であれば、農協の役割を果たせると思っています。現在農協改革と言われていますが、これまで目指してきたこと、そしてこれから目指すことも変わることはないと思っています。自立した組織として、常に自ら考え自ら決め、そして自ら実践することで、踏み出した一歩が必ず新しい道となると信じて、農協活動をずっとおこなっています。

（いいだ　かつひろ）

〈質　疑〉

――農協の定款には正組合員の資格として面積要件はありますか。正組合員の数は減ってきていますか。

飯田　正組合員の資格要件に面積は入っておらず、九〇日という農業従事日数だけです。正組合員は減ってはいますが、正組合員が亡くなって、その後継者が正組合員にならなかった分が減少している形です。五〇〇人を切ってしまうと総代制度が使えなくなるので、すでに総会制度に変えてきています。

――今回の生産緑地制度の制度改正については、「劇薬」という表現をされた方もいましたが、どういった評価をされますか。そして、都市の農地を守っていくにはどんな対策が望まれるとお考えですか。

飯田　私は「劇薬」とは考えていません。薬を飲むのであれば、処方を心得て飲めばいいです。甘いものだと思って飲んだら、苦いと感じるでしょう。緊急避難的に使わせてもらうが、基本は自分が農業をやるという心構えをきちんと持っていれば良いと思います。農協としては、そういうことを若い人に理解してもらうことが大事です。どういう流れの中で、この制度ができているのかを知った上で、制度を利用してもらわなければいけない。

これまでやってきた相談業務をしっかり続けていくことで、制度が劇薬にならず、薬としてうまく使っていただけるようにしていきたいと思っています。

――都市全体で見ると、後継者がおらず、貸借を利用しない限り、農地を残せないという農家が多く出てくると思われます。そうした状況はどのように見ていますか。

飯田　例えばブドウ研究会は後継者が育っていて、四〇年近い中で世代交代もできています。そう見ると、ほかの作物より後継者が入ってきやすい作目だったと思います。これを一つのケースとして参考にしていただいて良いのではないでしょうか。

――都市農業はさまざまな機能と役割が期待されていますが、今、何か取り組まれていることがありますか。

飯田　社会福祉協議会と連携して、農福連携を構想しています。障がい者への農作業療法や癒し空間の提供など、また、企業の福利厚生の中にも農作業の需要はあると考えています。

立地から見ると、そうしたことに対応できる可能性は高いと思います。

―― 今回の制度改正について、そのリスクはどのようなところでしょうか。

飯田 制度変更の詳細がまだ見えていませんので、具体的な指摘はできません。ただし、貸借ができるということは、相続時に、農業をやる気はなくても取り敢えず農地として取得して貸せばいいというふうになってしまう。ほんとうに跡を継いで農業をする気のある人が、しっかり汗をかいて、兄弟が見ても、農地を取り上げたら申し訳ないと思うという心持ちの問題だと思います。制度の問題以上の問題なのかもしれません。

―― 飯田さんは、農業をされて四〇年になるそうですが、その間、消費者の都市農地・農業を見る目はどのように変わってきましたか。

飯田 四〇年前も近所の人は厳しい目で見ていたようには思えませんので、あまり変わってきていないようです。農業に対する厳しい日というのは、まったく関係のないところからのものです。もっとも世の中全体の雰囲気は、フレンドリーなものに変わったと思います。後から近隣に引っ越してきた方の中からは、埃や騒音に対するクレームがありましたが、そうした問題に対しては、長い間に一つ一つ解決していきました。

私は常に「半径五〇〇メートル」の農業を意識してきました。半径五〇〇メートル以内の人たちに喜んでもらえる農業をしたいと考えています。ですから輸出に取り組む必要はなく、近所の人に買って食べて喜んでいただいて、そこで作ったものが全部売れれば生活できる。自分の足元の人たちを満足させられなくて、輸出は考えられません。

農業に国民の理解を得ることが大事だとよく言われますが、まず隣の人と仲良くできる農業でなければ国民の理解も得られるはずはありません。とくに都市では、面積が減り、農業生産だけで維持していくのは難しいので、理解してもらうには狭い範囲ですが、そこで頑張る姿を見せることが大事だと思っています。

――周辺住民との交流はどのようにしているのでしょうか。

飯田　近所の人たちに、農業の持つ多面的機能を実際に体験してもらおうと、消防署や町会と連携して、ハウスを使った避難訓練などをおこなっています。世代によっては部外者が畑に入るのを嫌うことがありましたが、今は畑に入ってもらって、感じてもらうことが大事だと思っています。ふれあい農業として、いろいろな収穫をしてもらったりして、理解を深めてもらうようにしています。単に農業生産だけではなく、防災にも役立つということも知ってもらおうと続けています。

――お話をうかがっていると、比較的小規模な範囲での農協の特性がよく出ていると思います。とくに宅地並み課税問題のときの取り組みが、その活動の基礎になっているのだと感じました。合併が進んだ大きな農協で、個々の農家の内情把握がどこまでできるかは難しいでしょう。

また、生産緑地の貸り借しに関しては、たとえば息子は農業を継がないことがはっきりしているが、意欲のある孫に農地を伝えるには、それまでの間、継続して営農をしていなければなりませんので、貸しに出す必要が出てきます。そういったことが可能な仕組みがぜひ必要だと思いました。京大学の安藤教授の農業センサス分析によると、専業農家の担い手跡継ぎの四五歳~四九歳の有配偶者率が三〇%だと言うことです。つまり七〇%が独り者ということです。一方、第二種兼業農家の跡継ぎでは八五%が配偶者ありとなっています。これを見ても、日本の農業は大丈夫なのかと思ってしまいます。

飯田　その通りだと思います。これからも、都市の農業を守っていくために頑張っていこうと思っておりますので、よろしくお願いします。

――都市農地を利用して貸農園を展開しているベンチャー企業も出てきていますが、そうした企業と一緒にやっていこうというお考えはありますか。

飯田　例えばアグリメディアがおこなっている事業は、農地を農地として利用していく形で取り組んでいますので、それなりに理解しています。場合によりますが、連携できる部分はあると思います。しかし、われわれ農協は企業ではありませんので「儲かるから貸す」という発想ではありません。自分が農業をやるという前提で、そうした会社を利用するのはかまわないですし、われわれも専門家の一人として、そうした企業とのお付き合いをしていきます。決して否定的に見ているわけではありません。地権者である組合員とそうした企業との間をわれわれ農協がどうつなげていけるかだと思っています。

――農家でない都市住民の中にも、土と触れ合いたいというニーズが高まっていることから、そういう人たちを巻き込んで農地を守っていくということは考えられないでしょうか。その意味で体験農園などの活用は考えられないでしょうか。

飯田　担い手のあり方にはさまざまありますし、農業に関わりたいという住民の方もいます。ただし、われわれ農業者と都市住民の農業へのかかわり方とは少し違うと思います。農福連携の取り組みで、癒しの空間として認められているという話をしていても、よく聞くと一坪でもいいと言われます。そう考えると、都市住民の望むかかわり方は体験農園でも十分得られるものです。私の家の農地が残っているのは、都市農業が攻撃されたときでも、一生懸命働いている姿を近所の人が見ていたからだと思っています。農地を残しているからには、一生懸命農業をやらなければいけない。根本にそうした気持ちがあれば、貸借をしても大丈夫でしょう。

　そのように制度を利用することをわれわれ農協が進んでしていかなければいけない。やはり、制度を使う側がしっかりした意識を持つことが大事だと思います。

――制度をよく理解することが大事で、それをサポートするために相談事業があります。そうした事業を続けていくには職員の教育が必要になると思いますが、そのために何が重要だとお考えでしょうか。

飯田　私たちが他県の農協と研修を通じて連携しているように、こうしていかないと、日本の農業自体が危うくなると思います。われわれの所に半年以上も職員を出すのは、けっこうたいへんなことです。しかし、そうして広げていかなければなりませんので、宿も用意しています。できれば仕組みとしてＪＡグループの中で実施できるようになれば良いのですが、なかなかそれも難しいので、今はこうした草の根的にやっています。とくに若い人たちがつながるような仕組みをつくって、これから先を見据えた友好協定を結んでいきたいと思っています。

――設備に一定規模の投資が必要なことから、ヨーロッパのワイナリーには農協が運営している所が少なくありません、世田谷ワインについては、どのような展望でしょうか。

飯田　今のところ、ワイン専用種のブドウを栽培して、山梨のワイナリーに醸造してもらっています。したがって委託醸造業ですが、一応、収支はとれているものの、それほど儲かるものではありません。生食ブドウは季節が限られますが、ワインなら周年販売ができます。ワインにはブドウをつくった土地の特徴が出やすいので、それを支援してくれる人がいればそれでいいという程度の感覚です。ワインは、私の畑のシンボルとして使っていきたいと考えています。

資産サポート事業については、当初からかかわってきていただいている、床爪さんから、少し補足説明をしていただきたいと思います。

床爪　これまで飯田さん親子と仕事をさせていただいてきました。全国の農家も、後継者不足が一番の問題のようですが、東京の場合は、どちらかと言えば後継者は生まれやすいとも言えます。なぜかと言うと、定年間近になるとサラリーマンにはいろいろな悩みが出てきますが、そこでわれわれが声をかけます。「そろそろ家の農業をやったほうがいいのではないか」と助言します。農業をやったことがないから無理だと言いますが、農協に任せてくれれば大丈夫だと説得します。多くの場合、父親が苦労している姿しか見ていませんから、楽な農業をしたがります。その結果、最近の世田谷ではミカン狩りがブームになりました。安い料金で、多くの子供さんたちが喜んでミカン狩りをしてくれます。その姿を見ていると、楽しそうなので、すんなり農業に入ってきます。

しかし、後継者が入っていく場合に最も問題になるのが相続です。一〇アール当たり一億円を超えるような相続税をどう乗り越えるか。相続税納税猶予制度があるわけですから、そういうものを活用しながら、相続を乗り越えていきます。相続対策と聞くと、節税対策だけと思われるかもしれませんが、実は、争いごとを避けるのが一番の対策です。

皆さんの遺産分割がスムーズにでき、その暁に節税対策があります。分割協議が済むと、配偶者控除や住宅控除、期限内などさまざまな対策があり、それを一つでも欠くと税金が跳ね上がります。争えば争うほど、儲かるのは弁護士と国です。弁護士にいったん話がいってしまうと、弁護士はその仕事を絶対に離しません。資産があるからもめるわけで、弁護士としては費用の回収は確実なので、一生懸命やります。そうなると、相続を受けた人の肩の荷は非常に重くなります。そうしたことを避けるために、なるべく争いごとが起きないようにします。その第一が、公正証書遺言です。遺言書の付言事項には、例えば、配偶者と子供に恵まれて、苦労してここまできた。先祖代々からの農地を守ってきた。この財産を次の世代に渡したい。ということを書いておきます。そうすると、例えば長男に多くが相続されても、個人の遺志だということが感じ取れます。そういう遺言を作成しておくことが、一つの対策です。そういうことをしながら、しっかり相続を乗り越えて、次に引き継いでいただくのが、われわれの仕事だと思っております。

この仕事を飯田さんのお父さんからやれと言われて、もう四〇年近くになります。これだけ長くやっていますと、組合員のどこにお金が入っているかは全部わかっています。それでも、遺産分割協議書をつくってやっても、三〇%から四〇%くらいは貯金を農協に入れてはくれません。しかし、われわれとしては、次の世代も農業をやってくれればそれで良しと考えて、資産サポート事業をおこなっています。

相談がきたら、まず、今日親が死んだらどうすると聞きます。そこからスタートします。相続が無事終わると、三年目までは感謝されますが、以降も感謝されるように、日頃から接していくことが重要だと思っています。農産物の安心・安全な生産はもちろんですが、農地をどう活用し、組合員農家にどううまく農業を続けていただくかも考えなければいけません。

われわれが考える体験農業は、だいたい五坪から一〇坪くらいを念頭に置きます。しかし、アグリメディアによると、一坪の面積への利用者の応募が最も多いと言います。要するに、触れれば良いようなのです。

このように、われわれの思う農業と一般の方の考える農業とは、少し違うようです。そうしたことを調整しながら、農地の活用をうまくやっていくことは今後の課題です。

（二〇一八・六・二六）

農政の焦点

農産物輸出五兆円の舞台裏

会員　山田　優

しばらく新型コロナウイルスの影響を聞いた後、「ところで、食料・農業・農村基本計画に入った五兆円の輸出目標はどう思う」と問いかけたら、間を置かず「ぷっ」と笑い声が電話の向こうから返ってきた。農水省の現役幹部の一人は言う。

「笑っちゃいけないんだけれどね、とりあえずはそれどころではないのが本音。一応ウイルス感染の問題が、山を越したらV字回復を目指すという計画だが……」

四〇年もこの仕事をしてきたが、農水省が大向こうに掲げる目標でこれほど緊張感が漂わないものは見たことがない。食管米価、減反、市場開放、畜産物の安全対策など、節目節目で農水省は念入りに脇を固めてきた。省内で意思統一すると、自民党や農業団体、業界への根回しも綿密に進めてきた歴史があったはずだ。

二〇二〇年四月一日に農林水産物・食品輸出促進法が施行された。政府は輸出額を二〇三〇年までに五兆円に増やす計画だ。ところが、農水省の本気度が伝わってこない。

簡単に経緯を振り返る。農林水産物・食品の輸出額目標五兆円という数字は、二〇一四年の政府の農林水産業・地域の活力創造プランに盛り込まれていた。しかし、同省を含め五兆円を額面通り受け取る人はほとんどなく、二〇二〇年（その後一九年に前倒し）に一兆円という数字だけが現実的な目標として動き出していた。

「一兆円」目標の顛末はよく知られている。年々拡大を続けたものの、目標年に失速して達成できなかった。ただ、数字だけを見ると、九一二一億円で、かなり目標に近い水準まで押し上げた。よくここまで積み上げたものだと感心するのは早い。

実際にその内容を検証すると、農産物とはとても呼べない物が実績には山ほど入っていて、「上げ底弁当」だと、日本農業新聞や経済メディアなどで繰り返し批判した。

◇

上げ底を象徴するのが謎の食品だ。政府が成果を声高に語りながら触れずにきた「各種の調製食品のその他のその他」と呼ばれる関税コード番号に含まれる食品だ。二〇一九年の輸出額は八九六億円で、農産物に含まれる単一の品目としては最も大きい額を占める。牛肉の二九七億円やリンゴの一四五億円をはるかに上回る。

ところが、二月七日の農水省の記者会見でその中身を尋ねたら「さまざまな食品類の寄せ集めで分からない」という回答が返ってきた。実はとりまとめる農水省自身が、中身が分からない寄せ集め品目や、メントールのような工業製品などわけのわからない物が「一兆円」には多数含まれている。

そんな怪しい品目を抱えたまま数字だけ積み上げても何の意味があるだろうか。国会や選挙演説で「成果」をつまみ食いして針小棒大に語る安倍晋三首相の自己満足に使われているだけのように思える。

◇

新たな五兆円目標は、一兆円目標の総括もしないまま、二月末から三月にかけて突然官邸から降ってきた。自民党や農水省の間でほとんど意識されることのなかった五兆円が政策目標に格上げされた理由は不明だが、当初、農水省は抵抗したようだ。目標の一兆円に届かなかったところ、さらに厳しい「ノルマ」が科せられると警戒したためだ。結局は官邸に強引に押し切られたと聞く。「輸出振興を旗印にすれば予算がつく」という下心があったのだろう。

自民党の間でも実現性に首をひねる議員が多く、三月に入って党の農産物輸出促進対策委員会などは紛糾した。政府側から納得できる説明がないとの反発も聞こえてきた。農水省の担当局長が議員の所を飛び回って説得する姿が目撃された。

しかし、自民党も結局、消化不良のまま「農林予算をつけてくれ」で手を打った。安倍官邸の威光があったのだろう。

五兆円という数字の達成に自信を持つ人はいない。だが、目標は基本計画に正式に盛り込まれ動き出した。

基本計画の説明資料で「新たな農林水産物・食品の輸出額目標」という図がある。起点となる一九年の九一二一億円から三〇年の五兆円までの間は空白で、右肩上がりの矢印だけが示されている。まるで、最近の新聞や雑誌に踊る、健康食品のいかがわしい「効果」広告を見る思いだ。

どんな品目をどの程度上積みするのかという根拠がなければ、絵に描いた餅だが、絵にも描けないまま基本計画に盛り込まれたというのが真相ではないか。いいかげんな輸出計画作りに関わった人たちの反論が聞きたいところだ。

（日本農業新聞特別編集委員　やまだ・まさる）

地方記者の眼

東日本大震災から九年　福島の復興は今…

テレビユー福島　深谷　茂美

復興五輪の象徴である聖火は、東京電力福島第一原発事故収束作業の拠点として使われたJヴィレッジを三月二六日に出発するはずだった。聖火出発に間に合うように、福島県の海沿いを南北に走るJR常磐線は、三月一四日に九年ぶりに全線で運転を再開し、福島県内で唯一、全町民の避難が続いている双葉町でも（町のごく一部ではあるが）復興再生の拠点として三月四日に避難指示が解除された。

当初、五輪を「光」とするならば、そのお祭りの裏で福島の「陰」の存在が忘れられてしまうと県民の反応は冷ややかだったが（アンダーコントロール発言への不信感は大きかった）、それでも全世界の目が福島に注がれるチャンスへの期待感はあり、そこでの情報発信の大切さについて地元メディアの存在価値が問われるとも考えていた。聖火リレーのランナーには震災後に地域の復興に尽くしてきた人たちや、これからの福島県を担う中・高校生も多く選ばれていて、すでにカウントダウンが始まった中での中止決定は仕方のないことではあるが残念なことだった。

そして五輪の延期決定から一か月余りが過ぎ、新型コロナウイルスの感染拡大という国難のなか、全国ニュースでは「被災地福島」を伝えるニュースはここしばらく出ていない。嫌な予感がする。コロナウイルスの脅威のなか、東日本大震災と福島第一原発事故による被災地の問題はローカルな問題となり、国民の関心が低くなってしまうのではないか。原発事故による放射能災害は一〇年では決して終わらない。第一原発敷地内に保管しているトリチウムを含んだ水の処理（保管）方針は決まっていないし、県内で出た除染土を運び込んでいる第一原発周辺の土地はあくまで「中間」貯蔵施設だ。廃炉完了は事故後三〇～四〇年かかると見込まれていて、コロナの影響による作業の遅れも出始めている。まだ何も終わってはいないのだ。

避難中に体がなまったと草を刈る

九年の間に県内の市町村では避難指示の解除がだいぶ進んできたが、故郷へ帰っているのは多くは高齢者だ。息子や娘夫婦は九年の間に避難先の生活に慣れ、孫の学校問題もあることから避難先から帰らず、高齢夫婦だけが村へ戻っているケースが多い。例えば、飯舘村では「村をなくしたくない」と七〇代を中心にした元気な高齢者たちが、この春ＮＰＯを立ち上げた。村内の農地で荏胡麻などを栽培・加工して、農地保全と高齢者の生き甲斐作りに取り組んでいくという。

翁たちは二〇一七年春に、村の大部分で避難指示が解除された飯舘村で「復興隊」を結成した農家で、「避難中に体がなまった」と笑いながら大きな草刈り機を肩から下げ、雑草に覆われた水田や畦畔に分け入って、慣れた様子で草を刈る姿はベテランの自信にあふれていた。「復興隊」の活躍のおかげで、この地区は六年間にわたる避難指示を経た今も、農村の美しい景観が保たれている。

安全確認を確かめながら

福島県では収穫されたコメはすべて（縁故米も含め）放射性物質（セシウム）検査をおこなってきた。収穫したコメを農家が検査場に持ち込み、一袋（六〇キロ）ずつ測定器にかけるという方法で手間をかけ、二〇一二年から毎年全県で一〇〇〇万袋を継続して検査してきた。その結果、二〇一九年産米は測定下限値（二五Bq／キロ）未満が全体の九九・九九％であり、二〇一五年から五年連続で基準値（一〇〇Bq／キロ）超のコメは出ていない。

田畑に降り注いだ放射性物質を取り除くことはできないが、それを作物に移行させない栽培技術は県内すべての農家に浸透している。コメだけではない。野菜も果樹も圃場ごとにサンプル検査をして安全性が証明されている。ここまで徹底して検査をしているのは福島県だけだ。

一方、この時期に山で採れるタケノコや山菜はこのうえなく美味しいのだけれど、市町村によって、厳しい出荷制限が続いている品目がある。私たちは原発事故以降、食品に含まれる放射性物質を実際に測って確かめるという作業を繰り返しながら、原発事故に伴い起きた食の安全性の問題について冷静に対応できるようになったと思う。

二本松市で県内五四の農家と提携し、農産物のネット通販（里山ガーデンファーム）を展開する二本松農園で興味深い話を聞いた。ここ一か月ほど首都圏からの注文が急増しているという。最初はコメ、次が味噌などの加工品。最近は野菜で、特に新規の客が増えているという。「混雑したスーパーに買い物に出たくないということなのだろう」と代表の齊藤さんは分析し、都会からのSOSと感じている。

産地の農家とつながる安心感

いつでも何でも買える便利な都会生活は、需要が集中することで、一瞬に棚からモノが消えるという危うい側面があり、不安が大きく、今食べ物を確保したいという心理が働くのは理解できる。だからこの機会に、産地の農家と直接つながる安心感を知ってほしいと思う。

「年間契約でコメを注文し、夏休みには家族で農家民宿に泊まり農作業を手伝う」。そんな顔のわかる関係ができたら、双方がハッピーになれる。

首都圏に野菜やコメ送る　二本松農園の生産者

実際、震災後に福島の農家を励ましたのは、「安全なら買うよ」と福島の農産物を買い支えてくれた理解あるたくさんの人たちの存在なのだから。

（テレビユー福島　報道制作局専門局長
ふかや・しげみ）

編集後記

○…誰にも欠かせない野菜があるようですが、わが家では玉葱、特に新タマです。五月、知人の農家に注文するのですが、電話の会話は「畑で眠っている」から待ってと、例年通りの応答。上部を落し球根は土中に一カ月間熟成させているというのです。「マイファーマー時代」の消費者の一人です。

○…特集は『どう生かす都市農地』です。制度改正の意義について安藤光義氏、都市農地の活かし方を諸藤貴志氏、さらに農家の継承はどうなるのかという原修吉氏、そしてJA世田谷目黒組合長の飯田勝弘氏による、異なる視点から論じた提言です。

　かつて都市農地に「宅地並み課税」の問題が起き、日々反対農家を訪ね、また、次世代後継者たちと赤ちょうちんで、熱く語ったあの頃の日々。特集原稿の一文字、一文字に、不思議な感慨を覚える、そんな編集作業になりました。

　特集タイトルですが、「生かす」か「活かす」か、幹事会で議論。農地の活用より農家の生死に寄せ、最後は編集担当者の特権で決定しました。

○…四月に新型コロナウイルス対策として緊急事態宣言を発令し、五月のGWの間も自粛は続き、農業生産者には業務用に影響して野菜廃棄し、他方、消費者も家庭食事が増えて野菜高騰。『農業気象台』曰く、この災禍の根に、異常気象など人類の驕りありと警鐘を鳴らす。全く同感、一読を。

○…「三密」対応し、月一度の幹事会も、オンライン会議。初体験の幹事に「便利だ」と好評でした。

（青）

日本農業の動き　No.205

どう生かす 都市農地

定価は裏表紙に表示してあります（送料は実費）。

二〇二〇年五月二九日発行©

発行　農政ジャーナリストの会

編集　会長　行友　弥

〒100-6826　東京都千代田区大手町一の三の一（JAビル）

電話　(03) 六二六九-九七七二

FAX　(03) 六二六九-九七七三

販売　一般社団法人　農山漁村文化協会

〒107-8668　東京都港区赤坂七の六の一

電話　(03) 三五八五-一一四二

URL：http://www.ruralnet.or.jp/

振替　〇〇一二〇-三-一四四四七八

購読のお申込みは近くの書店か、直接発行・発売元へご連絡下さい。バックナンバーもご利用下さい。

PRINTED IN JAPAN 2020　ISBN978-4-540-20061-8　C0061

安全と安心を、すべての食卓に。
JAグループは、生産者一人ひとり
と共に、今日も進みつづけます。
この国の豊かな大地と地域の
くらしを、次の世代へ伝えるために。
JAグループ
耕そう、大地と地域のみらい。
安全と安心を、すべての食卓に。
JAグループは、生産者一人ひとり
と共に、今日も進みつづけます。
この国の豊かな大地と地域の
くらしを、次の世代へ伝えるために。
JAグループ
耕そう、大地と地域のみらい。